JN173021

鳥海不二夫 著

強いAI・弱いAI

研究者に聞く人工知能の実像

丸善出版

企画・取材・編集協力　森岡知範（スタジオＡＫ）

まえがき

近年、人工知能・ＡＩがブームとなり話題となっています。テレビや雑誌などのメディアが人工知能を取り上げる機会も増えていますし、多くの企業が人工知能を製品やサービスに用いています。そういった意味では、少しずつではありますが、人工知能は私たちの生活の中にすでに進出し始めています。

さて、ここで改めて読者の皆さまは「人工知能」にどのようなイメージを抱いているでしょうか。多くの人が、「ドラえもん」や「鉄腕アトム」のような、意識や自我を持ち、人間の知能をはるかに超えた、知的で万能な存在をイメージしているのではないでしょうか。一方で、最近、話題になっているディープラーニングや対話システム、自動運転などの人工知能は人間が設計した通りに動き、特定のことでは人間を上回る能力を発揮する便利な道具にすぎません。ここにはイメージとの間に大きなギャップがあるのです。

人工知能の研究者は、「ドラえもん」などにイメージされる意識や自我のようなものを持った人工知能を「強いＡＩ」、意識や自我を持っていないけれども「知能があるように見える」振る舞いをする人工知能を「弱いＡＩ」とよんで区別しています。現在の人工知能はすべて「弱いＡＩ」で、「強いＡＩ」はまだ実現されてはいません。それどころか、どういった方向で研究を進めれば自我を持って行動する「強いＡＩ」ができるのかすら、まだわかっていないというのが実情です。

映画や漫画などのＳＦ作品には、自我を持った人工知能が人類を滅ぼしてしまうといった『ターミネーター』のようなストーリーも多く、「人工知能が人にとってよくない行動を取るようになるのではないか」と、人工知能の発展や社会進出に恐怖や不安を覚えている方も少なくないようです。ですが、このような自我を持って人類を滅ぼすというSF作品の中の人工知能は「強いＡＩ」であり、「弱いＡＩ」がそのような行動を取ることはあり得ません。

このように、「強いＡＩ」と「弱いＡＩ」をひとくくりに人工知能として同一視し不安を覚えている方がいるなら、その誤解を解ければという思いから本書は企画されました。

本書では、「弱いＡＩ」と「強いＡＩ」の違いを理解するために、人工知能研究の第一線で活躍している研究者を中心に、強いＡＩ・弱いＡＩをテーマにお話しいただきました。

まず、人工知能学会の前会長の松原仁先生と、現会長の山田誠二先生には、これまでの人工知能研究の歴史、人工知能研究がどのような発展過程を経て、現在のように工学的に役に立つものになってきたのかを聞いています。人工知能の過去から現在までの研究の流れを「強いＡＩ」「弱いＡＩ」という切り口から理解できるでしょう。

松尾豊先生、東中竜一郎先生、我妻広明先生は、ＡＩを工学的に用いて社会に役立てる研究の最前線で活躍されていますが、それぞれどのような研究をなさっているのか、また、人工知能が今後、どのように世の中に進出してくるのかについて伺いました。松尾先生には、ディープラーニングの応用とそのビジネスの展望について、東中先生には、対話エージェントの現状と今後の課題について、また、我妻先生には、近年注力されているという自動運転技術について、それぞれ説明していただきました。これによって、現在のＡＩがどのようなものなのか、ＳＦ作品に出てくるような人工知能とどのように違うのか、ご理解いただけると思います。

さらに、今後ＡＩがどのように発展していくのか、その中で強いＡＩは実現するのか、そのための道筋や課題を、汎用人工知能の実現を目指す全脳アーキテクチャ研究者の山川宏先生、電気通信大学人工知能先端研究センター長である栗原聡先生、日本の人工知能研究の黎明期から活躍されている中島秀之先生に解説していただきました。

また、将棋棋士の羽生善治三冠には、弱い人工知能である将棋ＡＩをどう見ているのか、そして今後の人工知能に期待していることなどについて、研究者ではない立場から語っていただきました。

本書は専門的になりすぎないよう、わかりやすく書くように心がけましたが、より正しく人工知能についてご理解いただけるように一部には専門的な解説も含んでいます。初めは難しく感じた部分でも、ほかのインタビューを読んだ後で見返すと理解できることもあるでしょう。人工知能に興味をお持ちの学生からビジネスマン、さらには事業と人工知能を結び付けたいとお考えの経営者の方など、幅広い層の方に読んでいただければと思います。

インタビューでは九名の方々にそれぞれの考えを語ってもらっていますが、強いＡＩ・弱いＡＩの捉え方にはさまざまな視点があります。本書をすべて読み終えたとき、皆さまにもそれぞれの強いＡＩ・弱いＡＩ像ができるのではないかと思います。もし、人工知能に漠然とした不安をお持ちであれば、本書を読むことでその不安は払拭されるでしょう。そして、人工知能の発展と社会進出が今後の社会の発展には欠かせないと思っていただければ、人工知能研究の末端に関係する者として嬉しく思います。

自分なりに強いＡＩ・弱いＡＩ像ができたそのとき、ぜひもう一度本書を最初から読み直してみてください。おそらく、最初に読んだときとは研究者たちの話が違ったものとして見えてくると思います。

本書が皆さまにとって人工知能をより正しく理解する一助になれば幸いです。

目　次

チューリングの手のひらの上で

話し手・松原仁（まつばら・ひとし） 公立はこだて未来大学システム情報科学部教授。専門は人工知能、ゲーム情報学。

松原氏は2014年から2015年に人工知能学会の会長を務め、第三次人工知能ブームのただ中にあった人工知能学会を牽引する立場にあった人工知能研究者である。コンピューター将棋やコンピューター囲碁の研究者としても著名である。また、第二次人工知能ブームを間近に見てきた人物として、現在の第三次ブームに至る人工知能の歴史とその中で強いＡＩがどのように考えられてきたかを聞いていきたい。

鳥海　ＡＩが話題になっていますが、ドラえもんや鉄腕アトム、ターミネーターのように自ら意思を持って行動するＡＩと、いま現在産業界で利用が進んでいるディープラーニングをはじめとするＡＩとの間には大きなギャップがあります。研究者の多くはその違いを認識していますが、同じ「ＡＩ」という言葉を使っているため、社会一般にはその違いがなかなか伝え切れていないように思います。

そのギャップを説明できる言葉として、強いＡＩ・弱いＡＩがあるように思うのですが、まずは強いＡＩ・弱いＡＩがどういうものかお話しいただけますか。

強いＡＩの出発点

松原　最初に強いＡＩという言葉を作り出したのはジョン・サールですが、彼は強いＡＩとは、「精神が宿る」ものだと言っています。これにこだわるかどうかはともかく、出発点がそこにあるという認識は必要でしょう。

鳥海　精神が宿るというのは、人間のように意識を持つということでよいのでしょうか。

松原　意識を持っているかどうか、人間の知能として投影されるような概念を、ＡＩが持っているかどうかということが強いＡＩと弱いＡＩの境界とすれば、言われたことを忠実に行うだけのものが弱いＡＩということになるでしょう。

鳥海　いまあるディープラーニングやＳｉｒｉ、アルファ碁などは基本的に言われたことを行うだけで、自ら意思を持って行動はしないですから、弱いＡＩといってよいわけですね。

松原　すでに存在するＡＩを、強いＡＩだと言い張ることも可能です。あえて言えばですが、アルファ碁やボナンザを、誰かが強いＡＩだと主張したとき、これを完全に否定するのは難しいでしょう。このあたりは、どう思うか、どう考えるかの問題となってしまいます。

鳥海　アルファ碁に精神が宿っているということですか？

松原　囲碁を打つプログラムのアルファ碁、２０１７年現在は改良版の「マスター（Master）」ですが、マスターは開発者よりも圧倒的に囲碁の能力は上ですし、プロ棋士たちは、マスターに大局観とか棋風のようなものを感じているそうです。

これはつまり、プロ棋士が、マスターに人格を投影しているということになります。囲碁という特定のゲームにおいてではありますが、ＡＩから人格のようなものが感じられるということですから、そこには強いＡＩが宿っているのではないかと、そう思うときがあります。

鳥海　えーっ。

松原　強いＡＩが汎用ＡＩであり、弱いＡＩが個別ＡＩあるいは特化型ＡＩという意見もありますが、実はそこには厳密な定義とか概念はないというのが実情のようです。

というわけで、強いAIとは何なのかがよくわからないというところから始まってしまい、今後の本書の行く末がだいぶ不安になってきたが、気を取り直して強いAI・弱いAIの話、そして第三次ブームに至るまでの人工知能の歴史を紐解きながら、強いAIとは何なのかを探っていこう。

ダートマス会議

鳥海　人工知能、ＡＩ（Artificial Intelligence）という言葉は、１９５６年に開催されたダートマス会議で初めて用いられ、それ以降、人工知能・ＡＩという言葉が使われるようになりました。サールが強い

ＡＩという言葉を使ったのは、それから約四半世紀後の１９８０年。その間、人工知能研究はどのような経過をたどったのでしょうか？

松原　「会議」というと「何かを決めるための話し合い」のように聞こえますが、ダートマス会議は互いの研究成果を発表し合う研究発表会のようなものでした。正式には The Dartmouth Summer Research Project on Artificial Intelligence（人工知能に関するダートマスの夏期研究会）といって、ここで初めて、Artificial Intelligence（人工知能）という言葉がジョン・マッカーシーによって使われました。

ダートマス会議は、人工知能研究はこの会議から始まったといわれる重要な会議である。マッカーシーのほか、マービン・ミンスキー、クロード・シャノン、ナザニエル・ロチェスターといった人々を発起人として開催された。そのほか、T.More、A.L.Samuel、O.Selfridge、R.Solomonoff などの参加者がいた。現在の学会の国際会議のように、全参加者が一堂に集まるのではなく、各参加者が夏期のいろいろな時期に一週間程度ワークショップに参加する形式で行われた（人工知能学会ホームページ「[What's AI] 人工知能の話題」より）。

松原　コンピューターに知的なことをさせることができるという考えは、40年代後半、チューリングやシャノンがすでに主張していました。彼らはＡＩという言葉こそ生み出してはいませんでしたが、すでにその時代にコンピューターは意識を持てるかといった議論は行われていました。また、チューリングはエッセイや論文で、コンピューターの知性に対して予想される反論などにも答えています。

D・R・ホフスタッターとD・C・デネットが編集した『マインズ・アイ――コンピュータ時代の「心」と「私」』（坂本百大監訳、TBSブリタニカ、1984年）という書籍に、「計算する機械と知性」というチューリングの論文が掲載されています。私たちが80年代に第二次AIブームで議論した内容そのものがすでにそこには書かれていて、それを読んだときに、自分たちの議論がまったく新しいものではなかったことに気づいて愕然としました。

ゲーデルの不完全性定理による反論

松原　コンピューターが知能を持てるかどうかというテーマに対し、当時、コンピューターには知能は持てないだろうという哲学的な反論がいくつも出ていました。

私たちが若いころ、数学者であるゲーデルの不完全性定理を理由に、「コンピューターは知能は持てない」とする説がまことしやかに語られていました。

【ゲーデルの不完全性定理】自然数論を含む公理系が無矛盾ならば、その体系の中には真偽が判定できない論理式が存在する、すなわち不完全であるという定理。1931年、数学者ゲーデルが証明。（広辞苑第六版より）

松原　世の中には、ある程度以上の体系をつくると、その体系において、真とも偽とも証明できない、ど

左図：ダグラス・R・ホフスタッター著、野崎昭弘、はやしはじめ、柳瀬尚紀訳『ゲーデル、エッシャー、バッハ　あるいは不思議の環　20周年記念版』(白揚社、2005)。右図：同書の 1985 年版。

ちらとも決まらないことが存在するというのが不完全性定理です。

ヒルベルトという数学者は、数学ではすべてのことがきれいに書き下せると考えていたのですが、この定理は、そのヒルベルトの夢を打ち砕いてしまいました。このゲーデルの不完全性定理に、当時、多くの哲学者が飛びついた。

このあたりについては、『ゲーデル、エッシャー、バッハ――あるいは不思議の環』という本に詳しいので参考にしていただきたいと思います。同書では、意識とは何かといったことについての議論などが書かれています。

鳥海　一応、私も原著と邦訳を持っています。

松原　マニアは両方読むのが基本なので、その姿勢は正しい(笑)。どう翻訳しているか、原著と照らし合わせると、とても楽しく読めます。

さて、ゲーデルの不完全性定理による反論ですが、コンピューターはゲーデルの定理の仮定に乗っている存在であり、それは形式的な知性であって、不完全性定理では形式的体系に限界が示されているので、つまりそれがコンピューターの限界ということになるという考えのようです。

だから、それは知性ではないという論理を主張する研究者が当時たくさんいて、その考えが日本にもそのまま持ち込まれて、80年代のＡＩブームのときには、これをうのみにした人たちがたくさんいました。

哲学者や思想家の意見をもとにコンピューターによる知能を否定しても、一般の人にはあまり説得力がありませんが、一流の数学者の理論だと、何となく説得力がある（笑）。しかし、これは考えればすぐにわかることで、ゲーデルの不完全性定理がコンピューターの限界を示しているとすれば、同じ理由で、人間の知能の限界もそこでは示されていることになるわけです。

なので、ゲーデルの不完全性定理は、人間の知能にコンピューターが追いつかないことの理由にはならないことになります。さすがに、最近はそういった論理を振り回している人はいないようですが、当時はそういう人がとても多かった。

実は、チューリングはすでにエッセイか何かで、ゲーデルの不完全性定理を理由にコンピューターの知能を否定する意見が出るかもしれないが、それは違うだろうということを書いていたそうです。チューリングの死後、三回めのＡＩブームを迎えていますが、いまだに私たちはチューリングの手のひらの上で踊っているだけなのかなという思いになります。

チューリングの生きていた時代には、強いＡＩという言葉はありませんでしたし、コンピューターが意識を持てるかといった議論もあまりなかったので、積極的にコンピューターが心を持てるとか意識を持てるという論を強く主張することはありませんでしたが、少なくとも、コンピューターが意識を持てないという明確な理由はないと、そういった主張はしていました。

鳥海　チューリングの未来予測能力はすごいですね。

コンピューターに知能は持たれたくないという思想

松原　サールは中国語の部屋という思考実験において、ある小さな部屋の中に、実際の中国人のように遜色なく中国語に訳すコンピューターがあったとしても、中のコンピューターは中国語をわかっているとはいえないとしました。

サールの「中国語の部屋」の思考実験は以下のようなものである。

ある部屋の中に中国語のわからないアメリカ人がひとりいる。その部屋に、中国語で書かれた質問が投げ込まれる。彼は中国語は理解できないが、分厚い英語のマニュアルを持っている。投げ込まれた紙の文字を順にたどって、マニュアルの指示に従って作業をしていくと、最終的には中国語の返事が書かれることになる。これを部屋の外の人に返す。部屋の外にいる人から見ると、中国語の質問を入れたら中国語の答えが返ってくる。これを見て、人間の反応と区別がつかなければ部屋の中には知能があるといえるし、部屋は中国語を理解していることになる。ではあるが、部屋の中の人間は、まったく中国語を理解していないし、質問や回答の中身も意味も理解できてはいない。

松原　これは、サールが哲学者で、情報のことをわかっていないからこその比喩だと思います。まず、サールは情報の量というものを認識できていません。実際の中国人のように中国語に訳すとして、そのために必要な辞書、必要な情報量は、どれほどのものかということがまったく考慮されていないのです。

サールは直観的に、人間は違うと主張しているのですが、人間の脳内での作業も、結局は情報の組み合わせですから、違うと言い切るだけの根拠はない。

哲学者の中にはいまでもサールの考えを肯定している人が多いようですが、これは本能的に「コンピューターに知能や意識といったものは持たれたくない」という意識があるからで、論理的な思考の結果ではないように思います。コンピューターを、人間以外の存在、つまり種としての人間のライバルと考えれば、人間を超える存在であってほしくないというのは人情ですから。

西洋の思考と東洋の思考

鳥海　ＡＩが人類を滅ぼすのではないかといった心配や論調がありますが、これはコンピューターを人間のライバルとして捉え、そのライバルが勢力を拡大することに対して恐怖を感じているということでしょうか。

松原　これは少し脱線になってしまうかもしれませんが、ＡＩが人間を脅かす存在になるという思考は、西洋的な、キリスト教的な思考や文化のように思います。彼らの思考では、人はあらゆる動物の長。万物の霊長とか、霊長類といった言葉がありますが、霊のあるものの長が人間で、人はあくまでボスとしてこの世界に君臨していると考えている。ボスは支配する側で、ボスではないものは支配される側。彼らは、力があるから支配して、支配される側は力がないから渋々弱い立場に甘んじていると、そういう感覚を持っている。

この考えは、クラスの頂点に立つ、いじめっ子の理論。そこに、とても頭のよい、そしてスポーツもできる優秀な転校生がやってきて、ボスの座を追われたら、いままで弱いものいじめをしてきた自分は、散々な目に遭うだろうと想像してしまうわけです。そんな雰囲気の価値観。

鳥海　ＡＩがその転校生ということですね。そして、いつかはＡＩが人間を支配するかもしれないと。

松原　欧米のキリスト教圏の人たちには、そういう価値観のようなものがあるので、映画ではＡＩがそういった人類の敵として扱われてしまうし、そういう論説が共感をよびやすい。

私は洗礼を受けてはいませんが、母親がキリスト教徒で、子ども時代は毎週日曜日に教会に通っていましたので、少しはキリスト教文化に接していて、多少は理解しているつもりです。

日本人全体を見れば、キリスト教文化はあまり根づいていなくて、仏教や道教、儒教といった東アジアの文化と、日本独自の神道のようなものが融合したものが日本人の文化の中心と思いますが、そこでは、人はボスというよりは、生き物の環の中に人も存在しているという意識だと思います。草木にも魂は宿るというのが東洋的な考えで、こういった文化の中では、ＡＩに対しても人の敵といった意識は生まれません。

ここからは魂があってここからは魂は宿らないといった線引きは、私たち日本人はしませんので、ＡＩに魂が宿ったとしても特別な嫌悪はない。

鳥海　日本は八百万の神様の文化ですから（笑）。道具にも魂は宿ると考えますよね。鉄腕アトムやドラえもんも受け入れています。

松原　日本ではアトムやドラえもんなど、漫画やアニメで子どものころから日常的にロボットを目にしているので、ロボットとの親和性が高いといった意味の発言を私もしてしまうことがありますが、これは、誤解を招いているかもしれませんね。本当はそうではありません。アトムやドラえもんが受け入れられるのは、日本人の文化や精神性に、そういうあらゆるものに魂が宿っている、神性があるという意識、人間もほかの生物と同じ立場であるという意識があるからで、もともとそれらを受け入れる素地があるからと、そう考えるべきと思っています。

これが欧米であれば、アトムやドラえもんの価値観は、そうすんなりとは受け入れられないでしょう。そういう意味では、強いＡＩは、日本のほうが親和性はあると思っています。欧米では、ＡＩが魂や意識を持つかどうかに議論がありましたが、日本であれば、「ブリキの箱に意識があってもいいよね」ですんなりと受け入れられてしまう気がします。

欧米のロボットに対する意識は、召し使いやメイド、人によっては道具、または奴隷といったもののように感じます。だからこそ、映画などでは、ＡＩに心や自我が発生すると、人間が滅亡に追いやられるといったストーリーになってしまうわけです。奴隷が解放されて、主人である人間を打ち倒すというイメージです。

これが日本であれば、ロボットのイメージは、ドラえもんやアトムのような、仲間とか友達といったものとしてイメージされます。リモコンで動く鉄人28号ですら、最後は人間のために自己犠牲的な行動を取る。アトムも最後は人類のために太陽に飛び込んでしまいます。

日本のこうした文化や意識の影響を考えると、日本人や日本の社会は、欧米よりも、ＡＩに対して強い親和性を持っているのではないかと考えます。

マルチタスクをこなすための意識

ロボットに心が宿ることに対する嫌悪感や親和性という話が出てきたが、そもそも心が宿るとはどういうことなのだろうか？　日本人は文化的に「心が宿る」という概念を持っているようだが、ここには「心とは何か」という哲学的な問題がある。「心とは何か」がわからないままで、意識を持った強いＡＩをつくることは可能なのだろうか。

松原　意識とか心、魂といった言葉や概念がありますが、そもそも「心」というものも本当にあるのかどうかはわからない。

皆さん、自分には心があると思っていますが、自分以外の人に本当に心があるのかどうかは、あると信じているだけで、実際はわからないわけです。ですが、他人にも心があるというモデルを立てて、心はあるという前提で話をしたほうが楽ですし、実際にそれで社会が成立しているので、人に心はあるということでとりあえずはよい、それが正しいのだろうと思います。

心についてはそういった考えですが、「意識」については30年前と少し考えが違ってきていて、複雑な情報処理システムには、必然的に意識のようなものが発生すると、最近はそう考えています。

鳥海　心とは異なるものとして意識があるということですか。それは面白いですね。では、その意識とはどういったものなのでしょうか。

松原　情報処理用語でいうと、「ＯＳ（オペレーティングシステム）」に近いものと私は思っています。これは、将棋ＡＩや囲碁ＡＩなどの個別ＡＩでは必要とされないので、発生もしないでしょう。彼らは、囲碁の手順だけを考えていればよいわけですから。

しかし、汎用ＡＩを運用するときには、意識のようなものは必要になるように思います。

人間が家庭で料理をするときを考えてみましょう。和食をつくるとして、煮物をしつつ魚を焼いて、手が空いたら炒め物の準備として野菜を切る。その間、使わない道具は洗いつつ、電話が鳴ったら電話にも対応する。食事のタイミングに合わせてごはんの炊ける時間を設定して、味噌汁は、最後にできたてが出せるようにつくり始める。それと同時に、料理とはまったく別の仕事について段取りを考えたり、悩みごとについて考えたりもできます。

人間がこれらを行っているときは、優先順位を考えながら、そのときどきで個々に対応して、同時に作業を進めるのですが、そこでは意識がどうしても必要です。

同じことを家庭用ロボットのようなものにやらせようとすれば、人間の意識と同じとは言いませんが、全体をコントロールする「意識のようなもの」はどうしても必要になるでしょう。優先順位とか、時間の割り振り、手順の変更など。これらに対処するものが、意識ではないかと。

一つの汎用ＡＩに複数のことをやらせようとしたとき、それぞれをうまく行うようにといった目標を与えると、複数のタスクを調整しつつ実行する。そのときに、「意識らしきもの」が芽生えるのではないかというのが、現在の私の考えです。

意識と自意識、そして自我や心の定義

鳥海　マルチタスクをこなすために意識が発生するということですか。でも、スマホはすでにマルチタスクですよね。予定していた時間にアラームが鳴って、電池が少なくなったら勝手にエコモードになり、メールの受信をしつつ、ゲームアプリが動いていたりと。

松原　もしかしたらスマホは強いＡＩなのかも（笑）。

スマホの場合は、すべて事前に人間が設定した優先順位で、複数のタスクも、実際は可能なものを決められたルールの中で実行しているだけです。これが、優先順位や対応方法をＡＩ自身の判断で行えるようになったとき、それを人間の意識と区別することがはたしてできるかのだろうかと。

これは言葉の問題になってしまいますが、意識、自意識、心、自我といったものについて、概念としてはっきり決まったものがないということが、わかりづらくしているのかなという思いもあります。

鳥海　意識という語についても、意識、自意識、潜在意識などがありますね。

松原　はい。さきほど、汎用ＡＩがマルチタスクを実行するときに意識が生まれるかもしれないと、仮説というか可能性について述べましたが、これは意識についてであって、自意識ではありません。意識と自意識の正確な定義というのも難しいものですが。

機械学習でさまざまなタスクに同時に対応するというレベルでは、自意識とか心といったものが生まれることはないだろうと思います。

鳥海　心、意識、自意識、潜在意識、自我、自律性といった言葉の定義、境界は、本当に難しいですね。人によってそれぞれの認識が微妙にずれていたりしますので、同じ言葉を使っていても、それが同じ概念を示しているのか、不安になってしまいます。

さきほど、松原先生は意識という言葉を、心や自意識とは異なるものとしてお話されていましたが、人によっては、意識という言葉を、心と同列のものとしていたりもしますし。

松原　このあたりの言葉は哲学的な議論はされていると思いますが、しっかりとした定義が確定的にあるわけではないので、一般的にはかなりあいまいな使われ方をしていますね。

ＡＩ研究の立場からですが、ＡＩの進歩発展によって、むしろ、改めてそれらの区別、定義づけができていくのかなという思いもあります。

ＡＩに意識はあったほうがよいと思いますが、自意識、自我を持たせるべきかというのは、議論の余地がありますね。もちろん、どうやって持たせられるかもわかっていませんし、場合によっては自然発生的にそういったものが備わってしまう、勝手に自意識を持ってしまうのではないかという考えもあります。

人間の自意識・自我の生成

世の中に強いAIを恐れている人が多いのは、OSのような存在としての「意識」にではなく、その先にある「自意識」や「自我」といったものについてなのだろう。では、その自意識はどのようにして発生するのだろうか。

松原　生物の進化という観点で見た場合、人間が自意識を獲得したのはいつごろだったのか、どんな経緯だったのか、知りたいところですね。

霊長類が誕生して、その後、猿人とか原人が誕生し、さらには旧人が生まれ、私たちの直接の先祖であるホモ・サピエンスが20万年前くらいにアフリカで誕生したとされています。自意識はどの段階で芽生えたのか、とても気になるところです。

鳥海　ホモ・サピエンスと共通の祖先から分岐したネアンデルタール人は、死者に花を添える文化があったとされていますので、少なくともその時点では、心や自意識のようなものはあったのではないでしょうか。

松原　死者を悼む、物理的にいなくなった者に思いを馳せるというのは、確かに心に通じるものですね。下等動物は、そういった文化を持っていません。アリが仲間の死を悲しんでいるとは思えませんし。

鳥海　チンパンジーあたりも、仲間の死を悲しむようですね。サルとか犬、イルカなども死を悲しむかどうかはさておき、自意識はあるようにも思えますね。

松原　少なくとも、犬や猫は持っていると思いたいですね。彼らにも自意識はあると考えたほうが、つきあいやすいという感覚になりますから。これが、人の勝手な投影である可能性も排除できませんが、気持ちとしては。

鳥海　発達心理学などでは、子どもがいくつくらいから自意識を持つのかといった研究がありますね。

松原　自我については、自分と他者の区別という意味では、生まれた直後の赤ん坊には、自分と母親の区別はないようです。お腹が空いたとき泣いてもお乳が飲めなかったりすると、お乳の存在は自分の思いでは自由にならないということが、次第に認識できるようになるでしょう。ウンチをするとお尻が気持ち悪い状態になって、これも自分ではどうにもなりませんが、母親がきれいにしてくれると気分がよくなる。そういう体験が重なって、お母さんと自分は一体ではないんだな、どうやら自分と違う存在なんだなと認識していくという説もありますね。

AIは進化的に自我を発生させるのか、人が与えるのか

人や哺乳類のように自我を持ったAIが強いAIだとすると、それはどのようにつくられるのだろうか。

松原　ＡＩ研究者の多くは、強いＡＩを追い求めていると思います。私たちは自我のない鉄腕アトムを追

い求めているわけではない。
正直に言えば、自我を持たせる方法論は、まだ見えていません。さきほど述べたように、意識であれば、何となくマルチタスクの先に成立しそうですが。おそらく、自我・自意識は、進化の中で自然と芽生えたものですから、人類が意図してそれをＡＩに持たせることができるかはわからない。

鳥海　ＡＩは、人が開発している現段階では、生物学でいうところの自然進化はしていませんね。

松原　ですが、開発によって、どんどん高い能力のものが生み出されているので、自然な進化ではありませんが、それはそれで進化に近いものとして考えることもできそうです。
自意識、自我の発生には、閾値のようなものがありそうな気がしますね。それはマルチタスクの複雑さなのか、扱える情報量なのかはわかりませんが、ともかく何らかの閾値を超えると、自我らしきものが生まれるのではないかと想像しています。

鳥海　それについては、私とは考えが違っています。私は、ＡＩについては、自然発生的に彼らが自我を持つようになるとは思えなくて、そこは人が彼らに持たせようとするかどうかではなかろうかと。どちらにしろ、決定的なことはいまの段階ではわかりませんので、ＳＦ的な話でしかないのですが。

松原　おっしゃるように、ＳＦ的な話ではありません。ですが、将来のＡＩと人類との共存を考えたとき、とても重要なことだとも思います。
人が与えない限り自我が発生しないのであれば、私たちは安心してＡＩをどこまでも賢くできることになります。しかし、閾値を超えると自然発生的に自我が生まれるのなら、私たちが自我のあるＡＩを求めないのであれば、抑制的な開発を考えなくてはいけないことになります。つまり、コントロールせずに

ＡＩ開発を進めることは危険であると、そういうことになってしまいます。

ディープラーニングではＡＩは自我に目覚めない

鳥海　全脳アーキテクチャなどのプロジェクトが汎用ＡＩの開発に達しない限り、そこには行き着かないとは思っています（全脳アーキテクチャについては山川氏のインタビューを参照）。現在のテクノロジーで考えて、ディープラーニングがどれだけ発達してもそこには行かないのではないでしょうか。

松原　そうですね。なので、いまの段階で強いＡＩを恐れる必要性はまったくないですね。潜在的にはあり得ても、何らかのジャンプがないと難しいでしょう。

チューリングの時代は、コンピューターが自我を持つということはアイデアや概念としてはありましたが、コンピューターそのものが貧弱でしたし、そういった議論をしてもそれは思考実験のレベルで、リアリティがなかったと思います。これは、第二次ブームのときまでは同様で、私たちも若いころ、自我を持つかどうかといったことについて議論はしましたが、最終的には論ずるまでもないことといったイメージの話題でした。ＡＩは心を持てるか、心や自我はアルゴリズムで再現できるかといった議論は、当時は情報の世界の用語を使って、ＳＦや哲学の話をしていたという感じでした。ですが、近年はシステムやマシンパワーが桁違いに高いレベルになっているので、リアリティが感じられる話になったと感じます。

鳥海　第三次ブーム以前のＡＩは、あくまでもツールの範疇を超えることはない存在で、松原先生がおっしゃるように、強いＡＩについて議論する場合でも、それはあくまでも未来の夢物語といった感じではなかったかと。

松原 そういった意味では、当時議論したことを、改めてリアリティを持つ話題としてまた蒸し返そうといった感覚です。それでも、まだ遠い話題だとは思いますが（笑）。第四回め、次のブームくらいになると、本当の意味で、現実の話題として議論できるのかもしれませんね。

鳥海 全脳アーキテクチャでは、2030年までに汎用型AIを完成させることを目指しているようですから、それが実現したときには、第四次ブームが訪れるかもしれませんね。

もしかしたら、まったく新しい技術革新や、新しい理論の発見があるかもしれませんし。

松原 1989年に、イギリスの数学者で宇宙物理学者のロジャー・ペンローズが『皇帝の新しい心――コンピュータ・心・物理法則』（林一訳、みすず書房、1994年）という本を出していて、そこには、人間の心の働きは、すでに存在しているコンピューターとはまったく異なったもので、量子論がそこに加わらない限りは、心を理解することはできないといったことが書かれていました。

これは、「ペンローズの量子脳理論」とよばれている学説です。デジタルコンピューターには量子論の概念が含まれていないので、コンピューターは心といったものを持つことはできないと。

これも非常にSF的ですが、コンピューターに、量子論、量子力学の概念が持ち込まれて、量子コンピューターというものが実現したときは、大きなブームになるでしょう。それがどんなものになるのかはわかりませんし、いまの時点では少しまゆつばものですが（笑）。

鳥海 何だかさっぱりイメージできません（笑）。

松原 量子力学と心とを結び付けているロジックがかなり飛躍していて、私も腑に落ちたわけではありませんが、世間がわからないまま納得するポテンシャルといいますか、よくわからない説得力のようなものが、量子論という言葉にはあったのでしょう（笑）。

心と量子論を結び付ける理論ですが、実証されたものは何一つありません。多くの賞を受けている実績のある研究者ですので、その仮説というかアイデアも、何となくそうかなと、研究者ではなく一般の人を納得させてしまう勢いはありますね。

鳥海　ちょっとオカルトに近いものを感じます（笑）。

AIは直観力を持つのか

松原　現在のＡＩやコンピューターに対する批判本という形で、第三次ブームに乗って、『皇帝の新しい心』の翻訳本も売れているようです。

１９７２年、アメリカの哲学者ヒューバート・ドレイファスが、『What Computers Can't Do』という本でコンピューターの限界を説いています。邦訳では、『コンピュータには何ができないか――哲学的人工知能批判』（黒崎政男、村若修訳、産業図書、１９９２年）というタイトルで発刊されています。

当時、コンピューターの専門家たちは、「コンピューターはチェスのチャンピオンに勝つだろう」という予測をしていましたが、ドレイファスはこの予測が当たっていないことを批判し、60年代からすでに、「チェスは全体的な直観が必要だから人工知能はチェスを指せない」と主張していました。原理的にチェスは指せないとまで言い切っていたのですから、偏見、思い込みというものは恐ろしいものです。

彼は、コンピューターを批判する理由として、直観という定義づけのできない言葉を理由にしています。哲学者である彼にとって、直観というものは、理屈を超えたものとして大きな意味を持っていたのでしょうが、これでは議論にすらならない。ですが、一般の人々にはこういった感覚的な言葉は受け入れやすいようで、かなり支持されていたようです。この時代のチェスソフトは、とても弱かったので、そのことも、彼の言葉に説得力を持たせていました。

ドレイファスは、筆がすべったのか、コンピューターは、チェスでは私（ドレイファス）にも勝てないといったことを書いてしまい、これが墓穴となってしまいました。ドレイファスは、アメリカのプログラマー、リチャード・グリーンブラットが開発したチェスプログラム「マックハック」と公開対決して負けています。マックハックの実力は初心者よりは少し上で、アマチュアの大会では勝ったり負けたりという程度の、決して強いソフトではありませんでした。そのため、「コンピューターはチェスを指せないが、ドレイファスもチェスが指せない」と笑われてしまいました。この対局をチェスのプロが解説したのですが、あまりにも低レベルで、褒めるところかなくて困ったそうです。

鳥海　研究者も余計なことを言うものではないですね（笑）。

松原　実際は、哲学者であるドレイファスがソフトに勝っても負けても、その理論の正誤とはまったく無関係なのですが、このみっともない敗戦で説得力はかなり低下してしまいました。

なお、このマックハックは、その後１９７７年にチェスのチャンピオンのボビー・フィッシャーと三戦し、三敗しています。

コンピューターチェスの協会は歴代の貢献者を表彰しているのですが、このとき、ドレイファスをコンピューターチェス発展の功労者として表彰して、賞状を送っています。ドレイファスからは送り返されたそうですが（笑）。

鳥海　そこは受け取ったほうが評価が上がったんじゃないですかね？（笑）

松原　それから約30年後、ＩＢＭが開発したチェス用のスーパーコンピューター「ディープ・ブルー」が、チェスチャンピオンのカスパロフと対戦し、フィラデルフィアで行われた一回め（１９９６年2月）はカスパロフが三勝一敗二引き分けで勝利し、ニューヨークで行われた二回め（１９９７年5月）は二勝一敗三引き分けでディープ・ブルーが勝利しています。このとき、日本人でこの対局をニューヨークで見学したのは、将棋ソフトのＹＳＳ、囲碁ソフトの彩をプログラムした山下宏さんと、私だけだったと思います。

鳥海　それは貴重な体験ですね。日本の新聞社も取材に行っていなかったのですか。

松原　最終日には、テレビや新聞社の人が派遣されて来ていましたが、途中まではどこからも取材に来ていなかったですね。

鳥海　マスコミも、コンピューターは勝てないと踏んでいたのでしょうね。

松原　コンピューターが知能を持てないという否定論は、コンピューターの60年の歴史の中では、昔から繰り返されてきたことです。数学では不完全性定理を理由として、物理では量子論で、哲学や心理学では直観の有無でと。

チェスで人間がＡＩに敗れた後も、チェスは選択肢が少ないから人間が負けたのであって、将棋や囲碁ではコンピューターは人間には勝てないという主張は根強く残っていました。ですが、２０１６年、ついにアルファ碁は世界最強レベルの囲碁棋士イ・セドルに勝利します。ＡＩでは最強の棋士には勝てないといっていた人たちの言い訳を聞いてみたいものです。

残念ながら、ドレイファスは２０１７年4月22日に亡くなってしまいましたが、アルファ碁の勝利に、彼ははたしてどういった感想を持っていたのか。「ついにＡＩは直観を持った」と思ったのでしょうか。

アルファ碁の囲碁の能力は、巨大なマシンパワーを使って、桁違いの量の機械学習によってつくられたものですが、それは単に「膨大な計算量」によるものと考えてよいのか、それとも、ある種の直観のようなものをアルファ碁が手に入れたと考えるべきなのか。

鳥海　松原先生はどちらだと思っているのですか？

松原　私は、アルファ碁は、一種の直観力のようなものを持ったのではないかと思っていて、そう考えたほうが自然かなと考えます。

囲碁や将棋、チェスでは、大局観という言葉が使われています。これも定義の難しい言葉ではあるのですが、人間の上級者はそういったものを持っているとされています。プロ棋士と話をすると、彼らは手筋を一つひとつ読んでいるのではなく、全体を把握して、漠然とした感覚で手を考えているといいますが、これを大局観とよんでいます。

囲碁のプロ棋士にアルファ碁の手筋について聞くと、アルファ碁は、大局観を持っているとしか思えないと、多くの人が言っています。専門家である彼らがそう主張するのであれば、これはすでにアルファ碁が大局観を持っていると、そう考えるべきではないでしょうか。

それでも、ＡＩを否定したい人は、「囲碁も手筋は有限であり、人間が考え出したゲームであるので、実世界に比べると単純で簡単すぎる」と、ドレイファスと同じように反論します。

私も、若いころは将棋のプログラムをつくっていましたが、当時は、多くの人が将棋の名人に勝てるプログラムはつくれないと言い切っていました。そういう人たちは、将棋も有限性のゲームだから、結局は大したことがなかったと、手のひらを返すわけです（笑）。

人を凌駕し始めたＡＩ

第二次人工知能ブームのときは、ＡＩが人間に追いつき始めた時期で、その能力もかなり限定されていた。一方、第三次ブームの現在は、囲碁や将棋のように一部の能力ではＡＩが人間を凌駕するようになった。人間を追い抜き始めているように感じられるからこそ、そこに恐怖感が生まれているのかもしれない。

しかしそれは、裏を返せば、人の知能の仕組みが、少しずつ見えてきたということであり、それこそがこの第三次人工知能ブームの本質かもしれない。

第二次人工知能ブームの中心技術の一つであるエキスパートシステムは、人の知能を人がＡＩに入れるだけのものだった。それは、いまにして思えば、知能をつくっているのではなくて、人がデータベースを構築しているだけだったのかもしれない。

一方で、当時ブームの中心ではなかったニューラルネットが現在の第三次人工知能ブームを支える重要な技術の一つとなっている。

松原　いまのブームは、ニューラルネットの延長線上にあるディープラーニングが牽引している部分が大きいのですが、やはりマシンパワーの違いは大きいですね。当時は、人間が解釈してデータとして入力していましたが、現在では、生データをコンピューターに食わせることができる。これは、大きな違いですね。人間が解釈したうえでのデータというのは、結局は本来のデータを、簡略化した、情報を削ぎ落としたうえで使っていたわけですから。

エキスパートシステムで、お医者さんの知識をコンピューターに入れるとして、当時はお医者さんの知識の一部を選んで入れていたのが、いまではあらゆるものを全部入れることができてしまう。ディープラーニングを用いた医療プログラムでは、エックス線の画像データを大量に読み込んで学習した結果、お医者さんが見落としてしまう病変も読み取ってしまうそうです。それが、当時は再現が不可能とされた、お医者さんの直観、経験からの感覚的な判断のようなものだったりするのかもしれません。

エキスパートシステムは、その根っこの考え方、理屈は悪くはなかったのですが、ネックはマシンパワーにあった。ですが、ディープラーニングに代表される現在のテクノロジーでは、手法も洗練され、マシンパワーも上がっていることで、実用に足る成果を出し始めています。

鳥海　当時といまとでは、世界観を変えるような発明や発見ではないものの、マシンスペックの進歩では大きなジャンプに近いものがあって、それがブームを形成したと。

松原　ＡＩの大きな問題であるフレーム問題や記号接地問題が、これで解けるかもしれないという希望が見えてきたように感じます。実際には解けていませんが、もしかしたら解けるかもしれないと思えるところまで到達したのは、ＡＩのとても大きな進歩だと思います。

第四次ブームが今後訪れるときに、ＡＩが知性を持つことができているかはわかりませんし、極端なことを言えば、もしかしたらＡＩが神の立場になっているかもしれません。少なくとも今後は人の生活にＡＩが進出していくというのは間違いないと思いますし、それが私たち人類にとって大きな利益、福音であればよいのですが。私は、そこに必要なのは、日本人の文化が持つ、ＡＩとの親和性だと思っています。人工知能の発展によって、今後どんな未来が訪れるのか楽しみです。

松原氏にはダートマス会議から始まった人工知能の歴史と、意識を持つ強い人工知能の定義について、そしてＡＩが意識を持つことについて解説してもらった。

人工知能の歴史は、コンピューターに人を超えられたくないという思いと、それを超えていく技術者や研究者の努力との戦いだったようだ。現在のＡＩブームを支えているディープラーニングなどの人工知能技術が直接強いＡＩとなり人類を脅かすことはないだろう。しかし、これまでの歴史を見れば、ある時点で「不可能」といわれていたことが実現されていっているのは事実である。

その歴史が繰り返されるとするならば、いつの日か、もしかすると第四次人工知能ブームの到来の際には、意識・自我・自意識を持った人工知能が生まれてくるのかもしれない。

次のブレークスルーのために

話し手・山田誠二（やまだ・せいじ） 国立情報学研究所教授・総合研究大学院大学教授。人工知能学会会長（２０１７年現在）。人工知能、計算知能の方法を駆使したインタラクションデザインの工学的設計論を研究。

第三次ブームとガートナーのハイプ・サイクル

松原氏にはダートマス会議から始まったコンピューターに知能を持たせようという試みの歴史について聞いてきた。

人工知能・ＡＩの第三次ブームともいわれている現在、その現状はどういったものなのか。現在、ＡＩはどのレベルに達しているのか、強いＡＩとの差はどの程度なのか。強いＡＩはできているといってよいのか。

２０１７年現在、人工知能学会の会長である山田氏に、第二次人工知能ブームから第三次ブームまでに何が起きたのか、そして次の第四次ブームが来るとすれば、それは一体何なのかを聞いていきたい。

山田　これは最初にはっきりさせておきますが、ここでの話はあくまでも私個人の考えであり、学会を代表するものではありませんので（笑）。

鳥海　初めに釘を刺されてしまいましたね（笑）。では、あくまでも山田先生個人のお考えということでお話を伺っていきたいと思います。

山田　現在、第三次人工知能ブームとよばれていますが、メディアの扱いなどは、すでに２０１６年の後半あたりから、冷めつつあるという印象があります。２０１６年夏くらいまでは、「ＡＩが世の中を急速に変える」、「ＡＩは人間を超える」といった、熱い眼差しといいますか、少し妄想も含めての過度の期待感のようなものがありました。ですが、それ以降はメディアの取材でも、「少し過熱しすぎですね」といった話が出るようになったので、これはむしろまともな感覚に戻りつつあるという意味で、よい傾向のように思います。

ガートナーのハイプ・サイクルというものがあるのですが、この方法論での分析がなかなか秀逸で。ちなみにガートナーというのは、米国コネチカット州のスタンフォードに本拠を置く大手のＩＴアドバイザリ企業です。

この図は縦軸が期待度、横軸が時間で、ＡＩ関連技術の期待度は去年（２０１６年）あたりがピークだったとガートナーでは分析しているようです。（ガートナープレスリリース２０１６年8月15日『先進

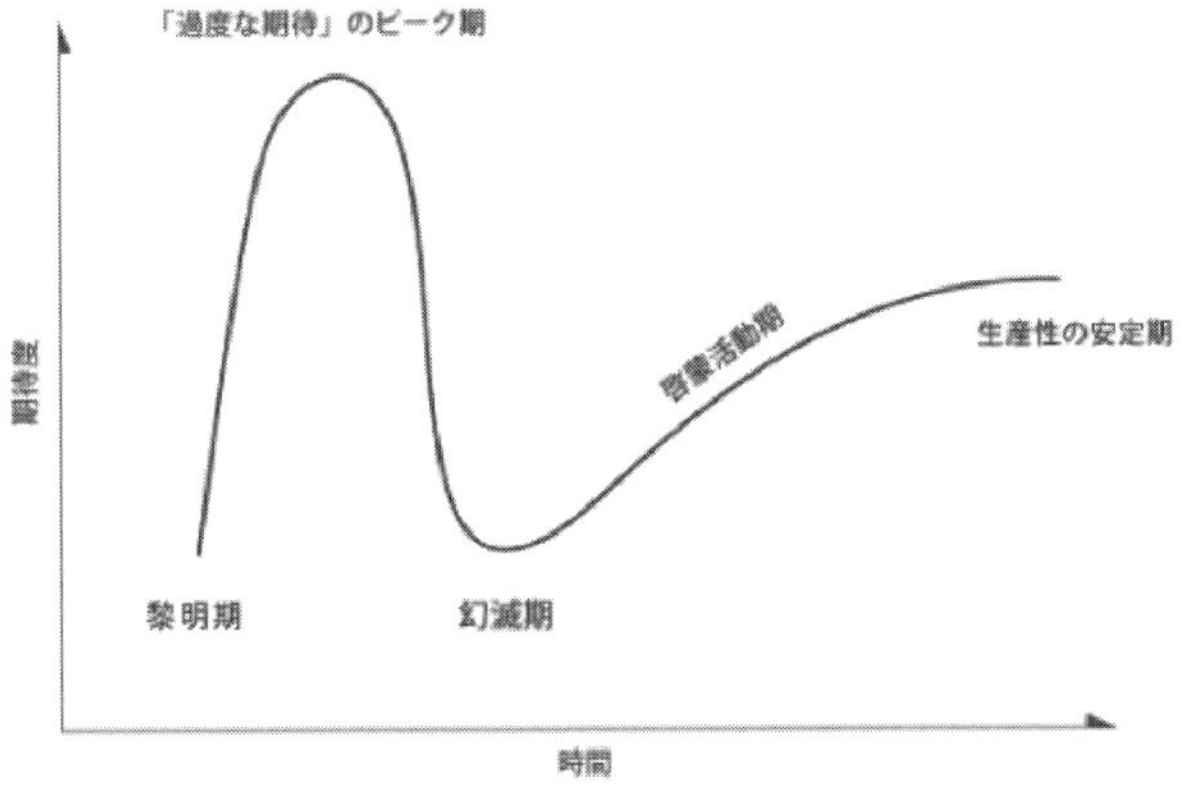

Gartner リサーチ・メソドロジ　ハイプ・サイクル（http://www.gartner.co.jp/research/methodologies/hype_cycle.php より）

テクノロジのハイプ・サイクル：２０１６年』を発表 競争力を高めるため企業が注視すべき3つの主要なトレンドが明確に」https://www.gartner.co.jp/press/html/pr20160825-01.html より。）

鳥海　人工知能は、この図におけるピーク期で幻滅期の手前にあり、これ以上期待度は高まらないということですね。

山田　ええ、この図に象徴されるように、ブームが沈静化し、落ち着きを取り戻してきているというのは、歓迎するところです。ＡＩが少しずつ実用化されて社会に役立っても、あまりに過大な期待があると、期待外れに感じられてしまうというおそれがあります。

　一気に盛り上がって、その反動でブームが去ってしまうよりは、腰を落ち着けて、堅実に開発が続けられる状況のほうがよいだろうと思います。

　すでにブームとよばれている状況ですが、ＡＩに携わっている身としては、ここで何が残せるかが勝負という意識もあります。人材を育てるシステムとか、企業の中に安定して研究を続ける部署を設置していただくとか、ブームが去った後も、研究開発が安定的に続けられる土台を築かないといけないなと。

第二次ブームで何が残せたかと問われると、胸を張ってこれですといえるものを探すのは難しいですから。

第二次ブームが残したもの

第二次人工知能ブーム当時、通商産業省（現経済産業省）がＩＣＯＴ（新世代コンピューター技術開発機構）を設立し、10年間でトータル５７０億円の予算がつぎ込まれた。しかし、現在のＡＩ開発者からのＩＣＯＴへの評価は厳しい。

山田　当時、私はドクターを出た直後くらいで、助手としてあるワーキンググループに参加していました。当時、ＩＣＯＴ関連の研究には優秀な人がたくさん集まっていましたし、大手コンピューターメーカーがこぞって参加していましたので、大きな期待はありました。

ただ、予算がもう少し分散されて、異なる方向性の研究にももっと振り向けられていればという思いと、その後も予算が安定的に組まれていれば、日本のＡＩ開発の状況も、違ったものになっていたのかなという思いはあります。

あれで人生が狂わされたというような人もいたようですが、少なくとも人脈が形成され、その後のＡＩ

開発につながる土壌のようなものができたことは評価してもよいと思います。

鳥海　ＩＣＯＴでつくられた土壌が現在の日本のＡＩ業界に息づいているわけですね。

山田　現在の第三次ブームは、ご存じのようにディープラーニングが牽引して盛り上がっています。ディープラーニングの基本構造は、80年代に福島邦彦先生が開発したネオコグニトロンそのものだという話もありますね（笑）。オートエンコードなど、新しい技術も組み込まれて改良もされていますが、構造的にはネオコグニトロンそのものという見方は、大きく間違ってはいないと思います。

当時は、ビックデータもありませんでしたし、マシンパワーもいまとは数桁というレベルで違っていましたので、シミュレートも検証も思うようにできず、アルファベットを認識するのが精いっぱいでした。アルファベットが認識できたなら、あとはその延長線上でマシンスペックが上がりさえすれば、猫も認識できたでしょう（笑）。ネオコグニトロンに毎年しっかりとした予算がついていれば、どうなっていたかは本当にわからない。

ある書籍に、匿名でニューラルネットの研究者のコメントが載っているのですが、ディープラーニングを褒め称える人もたくさんいる一方で、ある研究者は、あまり高い評価を与えていませんでした。ＡＩ研究ではここしばらく、大きなブレークスルー（障壁の突破・大きな発展）がなく、話題性があまりなかった。なので、ディープラーニングのブームに乗って、これを実態以上に持ち上げているという面があるというのですが、確かにそういったところはあるのかもしれません。

ＡＩの研究者は、記号主義の人が多いと思うのですが、ディープラーニングに対して、彼らが嫌悪感を示さないのは、少しばかり不思議だったりします。

記号主義とは、「世界のすべての事柄は記号で置き換えることができその記号を操作することが知能の本質である」という考え方である。

山田　第三次ブームの主役であるディープラーニングに代表されるニューラルネットと、あまり親和性のなかったＡＩが、急速に接近しているのが、少しばかり不思議だなと。垣根が低くなり、それで研究が進むというのはよいことではあるのですけど。

30年間の継続が実を結んだディープラーニング

鳥海　あれ？　ニューラルネットはＡＩの分野で研究されていたのではないのですか？　ディープラーニングは一種のニューラルネットですから、当然ＡＩとして研究されていたと思っていたのですが。

山田　実は、ＡＩ研究の主流とニューラルネット研究は、以前は対立しているような関係性でした。コンピューテーショナル・インテリジェンス（ＣＩ）などは、ニューラルネットワーク、ファジーシステム、ＥＣ（進化計算）の三分野から成立していて、ＡＩを排除しているとまでは言いませんが、ＡＩとは異なった方向で知能を探求するというものです。ＡＩはトップダウンのアプローチで、ニューロ（ニューラルネット）はボトムアップのアプローチ。根本的な思想が違っていますから。

パーセプトロンの時代、60年代はそういったことはなかったのですが、80年代には対立していたような印象です。ＡＩはロジック、ルールベースですので、ニューロとは相容れないものとして扱われ、ニューロへの風当たりは強かった。

80年代のニューロは冬の時代でした。不思議なもので、ニューロとＡＩは夏と冬の時代がちょうど位相が半分ずれたような感じで、栄枯盛衰を繰り返していますね。

鳥海　ディープラーニングの前は、どちらも冬のようなイメージが（笑）。

山田　確かに、どちらも冬でしたね（笑）。そう考えると、位相が半分ずれているというよりは、山が一致しないと言い換えたほうがよいのかな。

第二次ブームが去った後、80年代後半以降のＰＤＰ（parallel distributed processing・並列分散処理）が流行したときが、いままでで一番のニューラルネットワークのブームでしょう。

ＰＤＰは認知科学からのモデルで、アメリカの認知科学者のデビッド・ラメルハートと、ジェームズ・マクレランドたちが提唱したもので、脳の情報処理の仕組みをまねて、複数の処理ユニット（神経細胞にあたる）が同時並行的に働く構造で、情報をアナログなまま処理できるというのが一つの特徴です。

同時期に、ジェフリー・ヒントンはボルツマンマシンを研究していた。それが30年前ですが、ディープラーニングの開発者としてヒントンの名前が出てきたので、かなり驚きました。「まだ研究者として現役なのか」と。そこで思ったのは、日本人は研究に対して淡泊でよくないなと。やっぱり、研究は30年一筋に打ち込まないといけないなと（笑）。

鳥海　ライフワークのように、何か継続してということですね。

山田　そういう研究を許す土壌が日本にもできると、また大きく変化するんですけどね。ブームが20～30年周期だとすると、30年間継続して研究している人の中から、先頭に立つ人とか、ブレークスルーにつながる研究が生まれるように感じます。

第二次ブームと第三次ブームの違い

第二次人工知能ブームのときのＡＩと、第三次ブームのＡＩでは、同じＡＩとよばれてはいるが、はたして同じものと考えてよいのだろうか。

山田　第二次ブームとは何かというと、極言してしまえば、エキスパートシステム（専門家の能力や判断を模倣するシステム）ですよね。ものすごく単純に言ってしまうと、If/Then ルール（○○ならば××しなさいというルール）の羅列です。しかし、If/Then ルールのすべてを書き込むことは不可能なことがわかり、できないことが存在するということが確認されて下火になった。

If/Then のルールを機械学習で、という考えもなくはないのですが当時はビッグデータもありませんし、書き込む作業は結局プログラマーによるマンパワーでしたから、そこには自ずと限界があった。

専門的で論理的なものと思われていた医師の診察などは、エキスパートシステムで置き換えられると考えたわけですが、実際は、医師の診察というのは直観的で、経験則から判断しているようなものが少なくなかった。ある種、熟練の職人が持っている勘のような、推論とよばれるような処理が入っていて、そこは聞き出して言葉・記号・ルールに置き換えることができない。そこで、限界が見えてしまった。

ルールで書き下すことができるものや、記号ベースの推論でアプローチが可能なものについてはそれなりに利用できたのですが、それはかなり幅がせまくて応用もあまり利かず、当時はそれほどの成功に結び付きませんでした。

自転車の乗り方のようなもので、その乗り方を言葉に置き換える、記号化する、説明するというのは難しい。

鳥海　熟練の職人さんの技術を言葉にできないというのはよく聞きますね。

山田　ですが、人は実際に自転車に乗ることができて、その姿は見ることができる。その、自転車に乗っている姿をコンピューターが見て自分で学習して覚えればよいというのが、機械学習。このパラダイムシフトを可能にしたのは、ビッグデータとコンピューターの性能の向上です。

少し前に流行したデータマイニングは、結局のところ、一部アルゴリズムに違いはあるものの、中身は従来の機械学習と大きな違いはない。

鳥海　確かに、実質的な違いはデータ量の差だけといってもおかしくはなかったですね。少しのデータではできなかったことが大量のデータを使うことでできるようになってきた、と。

ディープラーニングだけがAIではない

第二次ブームがIf/Thenのルールがベースとなるエキスパートシステムだったということなら、現在の第三次ブームは世間でその性能のよさに高い評価が与えられているディープラーニングと言い切ってよいのだろうか。

山田　ディープラーニングは、ＡＩの主流というわけではありません。

画像処理のフィーチャー（特徴量）が自動獲得できるという機能はとても価値があるし、応用してさまざまなことに利用できるとは思いますが、言ってしまえば、それ以上でもそれ以下でもないわけですから。

もちろん、画像認識や音声認識は大変価値のあるもので、さまざまなことに利用可能な能力ですし、それ以外にも応用が利くと思いますので、とても大きな技術革新であることには間違いありませんが、万能ではない。

これは、ニューラルネット全般にいえることですが、可読性がないという点は、弱点だなと思います。黒魔術的と揶揄されることもありますが、チューニングの仕方がよくわからないという指摘も多い。

ディープラーニングを含めたニューラルネットは、入力信号が与えられると、内部で計算を行って出力信号を出すが、その出力信号を出す過程が人間には理解しづらい形になっている。結果を見れば確かに正しいのだが、なぜそうなるのかを説明するのが難しいといわれている。

山田　ブームの主流になったのは、画像認識とか、囲碁で棋士に勝利したとか、話題性があって、なおかつ一般の人にもイメージしやすいニュースとして報道されたという点もあると思います。

話は少しそれますが、ディープラーニングというネーミングがとても素晴らしい。知っている単語が使われていて、何となく意味がわかりそうだというそのバランスが。これが、ストキャスティクス・アニーリングのような名称だったら、日本では話題にならなかったかも（笑）。

鳥海　サポートベクターマシンなんかも、名称として厳しいですね（笑）。日本語に訳したときに「深層学習」とした人のセンスもよかった。

山田　名称の素晴らしさもあって、ブームを巻き起こしているディープラーニングですが、その影響もあって、記号ベースのＡＩもかなり進展しています。記号論理推論や、マルチエージェントシステムの成果についても、もっと着目されて応用されてもよいのではないかと、そんな感想を抱いています。

企業の多くがディープラーニングの応用だけを見ていますが、これをきっかけに、ＡＩそのものに対する理解が深まり、記号ベース、ルールベース、あるいは、もっと可読性の高い機械学習などに目が向いて、いわゆる「ＡＩ」の応用が広がると嬉しいのですが。

鳥海　メディアがディープラーニングばかり取り上げているせいで、一部に、ＡＩ＝ディープラーニングという間違った認識をしてしまっている傾向がありますね。「人工知能学会に行ったらディープラーニングの研究が少なかった。けしからん」という記事を見たことがあります（笑）。

ディープラーニングですべてが解決するわけではありませんが、機能としてこれをどう使い、そして次のステップにどうつなげるかがポイントですね。

山田　せっかくのブームなので、ハイプ・サイクルの期待度がトップの期間をできるだけ伸ばせるよう、しっかりとした成果につなげなくてはなりませんね。

ディープラーニングはいまどう利用されているのか

鳥海　産業界では、ディープラーニングを使ったインパクトのある成果がたびたび報道されていますが、研究者の間でもディープラーニングはスタンダードになってきていますね。

山田　マシンラーニングをやっている人たちは、従来法との比較をしないといけないことになっていますが、従来法の一つに、必ずディープラーニングを入れよということになっているようです。最先端の方法の一つとして比較するということです。そうでないと、なかなか論文が通らない。

鳥海　ところがディープラーニングを動くようにするのもなかなか大変で……私も個人的に苦戦しています（笑）。ウィンドウズでうまく動かないためか、マック派が増えているみたいですね。

山田　ディープラーニングはライブラリが公開されているので、多くの人が使えるというのはとてもよいことだと思いますが、実際に使おうとすると、けっこう苦労している学生も多い。ディープラーニングの使い方といった書籍もけっこう出ています。

鳥海　ディープラーニングの本も専門書よりも技術書が多くなってきましたね。

ところで、ディープラーニングは、何にでも使えるようなイメージを持たれていますが、実際は一種のパターン認識です。となると、結局人間ができるようなことしかできないのではないでしょうか。

山田　教師付き学習なので、その訓練データを人間がつくらないといけない。そうであれば、そこに限界があるのかもしれませんね。訓練データをつくれる分野だけが利用できるという意味で。

鳥海　その意味では、実際に、どれだけの企業がディープラーニングを使って、実際に成果を出しているのでしょうか。

山田　金融系の人の前で話をすることがあるのですが、実装する場合の質問などを受けることが多いので、金融業界では、少なくともかなりの数がディープラーニングを使ったシステムをつくろうとしている、またはすでにつくっているようです。実際に運用しているというわけではないようですが、運用に足るかどうかを試しているというところだと思います。

鳥海　株価予想であれば、上がるか下がるかの予測をすることになると思うのですが、それは人間にはできないことで、魔法を求めているのと同じではないのかなと。新聞とかニュースなどをデータとして使うと割といけるという話ですが。

山田　ディープラーニングにやらせようとしているのは、現在はテクニカルな予想ですが、むしろファンダメンタルな情報を扱わないとあまり意味がない。将来的には取り入れることができるとは思いますが、いまのところは無理なので、そのあたりは従来のプログラムなりで、因果を明確に書けるところは書くといった、ハイブリッドな形にしないとうまくいかないだろうと私も思います。

鳥海　アルファ碁はまさにハイブリッドですね。

山田　確かにそうですね。基本はモンテカルロ木探索で、評価関数をつくる学習に、ディープラーニングを使っているという形ですね。それだけではなくて、ほかにもいくつかトリッキーなアルゴリズムを配していて、すごくよくつくっているなと感心します。あれはすごいです。

アルファ碁を開発したディープマインド社のデミス・ハサビスはチェスなどの名手ですが、実際にそのゲームをある程度やっている人でないと、なかなかああいったプログラムをつくるのは難しいのかなと思いました。

第三次ブームの終焉とは

第二次ブームはエキスパートシステムのロジックの限界で終焉を迎えた。では、第三次ブームはどういう形で終息することになるのだろうか。

山田 ディープラーニングの限界が見えたというわけでもありませんし、しばらくは応用、実用へ向けての研究が進むと思われますので、当分は続きそうな感じもあります。第二次のエキスパートシステムも、限界が見えたというよりは、応用していくと使えない部分が見えた、暗黙知の存在がはっきりしたので下火になったというべきでしょう。当時はマシンパワーの問題もあって、成果が十分には出せなかったのも大きい。

ディープラーニングについていえば、理論的な限界は見えませんが、むしろこれから応用が進むことで、限界が見えるのではと思います。

あるいは、はっきりとは見えていないだけで、すでに限界のようなものは出ているのかもしれません。企業でディープラーニングを使っているところをいくつか知っていますが、うまくいってないケースもあるようです。簡単な文字認識をやらせても、いつまでも収束しないとか、よく聞きますし。

多分ですが、うまくいっているケースの、何十倍、何百倍、うまくいっていないものはある。失敗したものについては、論文には出ませんし、わざわざ発表されることはありませんから。これは、ディープラーニングがというわけではありませんが、研究者に、もっと失敗した事例やネガティブスタディを公開するという文化が広まれば、研究にもロスがなくなり、プラスが大きいと思います。

鳥海　人工知能学会で、失敗した事例大会をやりますか（笑）。

山田　それはよいかもしれませんね。会報で特集号を出しましょう（笑）。

シンギュラリティは誤解されている

人工知能ブームと切っても切り離せない関係にある言葉の一つにシンギュラリティ（技術的特異点）がある。

ある試算では、２０４５年に人工知能が人間の能力を超えて、想像できない変革が生まれるという。これを最初に提唱したレイ・カーツワイルは、「１００兆の極端に遅い結合（シナプス）しかない人間の脳の限界を、人間と機械が統合された文明によって超越する」という認識で、決してＡＩがおかしなことをするようになるといった文脈ではシンギュラリティを語ってはいない。しかし、シンギュラリティという言葉はそのインパクトの強さから、一時期かなり話題となった。

この技術的特異点について研究者たちはどのような時代が訪れると考えているのだろうか。

山田　書籍やテレビ番組などでは、まるで人類が滅びるというようなセンセーショナルな扱いをしていることもありますが、シンギュラリティがどういう概念か、多くの人は正しく認識していないように感じています。私自身も、それがどういうことか、はっきりとは認識できていませんし。

カーツワイルが提唱したのは、ＡＩが人間の能力を超えて、ＡＩ自身がより高度なＡＩを作り出すことができるようになるというもののようです。

カーツワイルの『シンギュラリティは近い――人類が生命を超越するとき』（ＮＨＫ出版編、ＮＨＫ出版、２０１６年）では、「シンギュラリティとは、われわれの生物としての思考と存在が、自らの作り出したテクノロジーと融合する臨界点であり、その世界は、依然として人間的ではあっても生物としての基盤を超越している。シンギュラリティ以後の世界では、人間と機械、物理的な現実と拡張現実（バーチャルリアリティ）との間には区別が存在しない」と書かれています。その大もとの考えは、「人間が生み出したテクノロジーの変化の速度は加速していて、その威力は、指数関数的な速度で拡大している」（前掲書より）というものです。

インテル社の創業者のひとり、ゴードン・ムーアは、「集積回路上のトランジスタ数は18か月ごとに倍になる」という「ムーアの法則」とよばれる説を唱えていますが、トランジスタ数をコンピューターの性能と考えると、だいたい5年でコンピューターの能力は10倍になるという捉え方がされています。

幾何級数的にコンピューターの能力が増大し続けるという前提に立てば、いつかは人間の能力を超えるだろうということですが、強い人工知能ができて人類を滅亡させるというSF的な話として理解している人も少なくないようです。また、そういう煽り方の書籍も多数出版されています。

しかし、コンピューターやＡＩを開発する人類が、人類にとってマイナスになるような思想を持ったものを製造するとも思えない。

鳥海　知能はともかくとして、単純に計算能力とか情報の扱い量や速度、あるいは将棋や囲碁などのゲームなどでは、すでにコンピューターは人類を凌駕しています。これらは、人間の道具としての能力であって、そういったことで人間の能力を超えることには、何の問題もありません。問題になるのは、やはり強いＡＩ、意識とか自我といったものを持つＡＩということになるのでしょうか。

山田　言い方の問題になると思うのですが、強いＡＩの究極の形がシンギュラリティだと、そんなイメージです。ＡＧＩ（Artificial General Intelligence・汎用人工知能）の先のＡＩということですかね。

鳥海　汎用人工知能は汎用性の有無が問題で、意識とかそういうものは定義されていませんね。汎用を超えたその先に意識やシンギュラリティがあるということですか。

山田　ハーバート・サイモンとアレン・ニューウェルのＧＰＳ（General Problem Solver）は、50年代後半で、すでに汎用を目指していました。これが発展したものがＳｏａｒ（認知アーキテクチャ）です。

脳の構造に学んだりモデルとするという姿勢は、ヒューリスティック（必ず正しい答えを導けるわけではないが、ある程度のレベルで正解に近い解を得ることができる方法）としてはありだと思います。

実際に脳の働きとして知能があるのですから、これをモデルとするという手法は、考え方として正解に近づく一つの有効な方法論だと思います。問題は、脳そのものが複雑すぎるということです。記憶一つとっても、そのシステムはごくごく一部のみがわかっているだけで、ほとんどがまだわかっていないわけですから。

鳥海　第三次ブームを牽引するディープラーニングも、大もとのアイデアとしては人間の脳の構造や配線をまねたシステムといえなくもないわけで、人間をリスペクトしたシステムが成果を上げたと考えられるのではないかと。

山田　そう考えると、第二次ブームも第三次ブームも、人間の知能をまねている点で、根幹の思想は似ているということですね。

数学的ブレークスルーが強いＡＩを生み出す

ここで改めて強いＡＩが生まれるかどうか、そして、その先にはどのような世界があると考えられるのか、山田氏の意見を聞いていこう。

山田　単純に、あと30年ではＡＩが人間を超えるということはないと思います。現在のシステムやアプローチでは、おそらくは無理だと。ディープラーニングではもちろん無理ですし、ニューラルネットの構造では、複雑系を解析できるような数学の著しい発展があればともかく、このままでは無理でしょう。結局は、天才待ちだと私は思っています。

物理の世界では、物理屋が数学を発展させているじゃないですか。同様に、ＡＩ屋が数学を発展させて、複雑系を解析するような状況が生まれれば、強いＡＩの成立とシンギュラリティはあり得るかなと。

鳥海　解析できないから複雑系なのでは？

山田　確かに、解析されてしまえば複雑系ではなくなるので、そこは形容矛盾ですね（笑）。とはいえ、そのレベルの数学的ブレークスルー、質的な発展が必要なのではないかと考えていて、それで初めて、人間を超えるというよりも、とりあえずは人間並みになる。

鳥海　それは、かなり納得できるお話です。私も、少なくともいまの状態、現状の延長線上ではあり得ないのかなと思っています。

山田　研究をしている人であれば、おそらくはそういう感覚なのだろうと思います。ニューラルネットで意味が扱えたという話もありませんし、そもそも変数を扱えないというのが問題かなと。数値を直接扱えない、変数を扱えないというのは、かなり本質的な問題というか、限界なのではと。

鳥海　その点、人間の脳は数値を扱えていますよね。

山田　人間は、脳やニューラルネットワークという構造で記号的な計算を行っていて、構造と機能の間に大きなギャップがある。その間がどうなっていて、どうつながっているのかがわからない。そこをつなぐものがＡＩでつくれたらブレークスルーになるのでしょうけど、30年では出ないだろうと思っています。

鳥海　別のレイヤーとして存在していて、それを脳はうまく処理しているけれども、その仕組みはわからないと。原子の動きをいくら見ても、人間の動きを理解できるわけではないということでしょうか。

山田　それはうまいたとえですね（笑）。

第一次ブームくらいのとき、ミンスキーが「あなたのやっていることはこういうことだ」とある人に言われたという逸話があります。

「夜道でおばあさんが落とし物を探している。道は二つに枝分かれしていて、片方は街灯がついていて明るいけれど、片方は真っ暗。そしておばあさんは街灯のある道で落とし物を探している。通りかかった人が心配しておばあさんに声をかける。落とし物は明るい道で落としたんですかと。おばあさんは、暗い道で落としたのだという。それならここでは落とし物は見つからないですよと教えるのですが、おばあさんは、だって暗い道では探せないんですもの、と返事をする。」

この話を脳科学の人に言うと怒られる（笑）。明るい道じゃないと論文が書けないじゃないですかと。明るい道を探しても落とし物はないのはわかっているわけです。そこを研究しても真理に到達しないことはわかっているのだけど、いまある技術や数学では、明るい道しか研究できない。

複雑系はいまの数学では解けないので、いまある数学で解析できる範囲で研究をするしかない。やれるのは全体の一部で、全体にはアタックできない。そしてその先には、決して強いＡＩは存在しない。ミンスキーは、別の分野の人にこれを言われてカチンときた。

鳥海　私たちが、「ＡＩなんて何もできてないじゃないか」と言われるとムッとするようなものですね（笑）。

山田　何でもできると思われてもイラッとしますが、何もできないと言われると怒りたくもなりますね（笑）。そのあたりは、正当に評価していただきたい。

鳥海　正当に評価すると、シンギュラリティは、当面来ないとお考えということでしょうか。少なくとも、数学上での大きな発展がない限りはない。

山田　そう思います。シンギュラリティが来ると主張する人には、どんな技術がだいたいどの時期にできるから、その先の未来にはこういう技術が成立してシンギュラリティが起きると、そう説明していただきたい。それであれば説得力があるのですが、コンピューターの発達の速度が幾何級数的だからと説明されても、納得はできないですね。

人間とAIの共生社会を目指して

山田　私は、ＡＩと人間が協調するような、共生とか協同とよばれる社会に不可避的になると考えています。これまでのＡＩは人間と一緒に暮らすという前提のものではなくて、人間が命令を下して、それに従うという思想のものです。そこには、人間とのインタラクティブな関係性はありません。

機械学習の途中で、おかしな方向に進んでいそうなときは、人間が止めるなど介入して、誘導するといった、ユーザーフィードバックが存在するＡＩをつくりたいと思っています。ＨＡＩ（ヒューマンエージェントインタラクション）なども、そういった考えの現れの一つです。

単なるパフォーマンスのレベルアップではなく、人間が理解しやすい機械学習アルゴリズムとか、可読性とか、人間が本質的に理解できるＡＩという観点で考えてもよいのではないかなと。

鳥海　Word2Vec のような、出力を何となく人が理解できるものについてはどうでしょうか。

山田　なるほど、悪くはないと思います。ですが、入出力だけではなくて、途中の学習経過を観察できるとよいなと。可読性があるというのは、信頼性にもつながる大事なポイントだと思います。結果について、人を説得できないとだめだと思うんですよ。

そういった意味では、統計という手法も、その観点からは弱いかなと。統計が有用なものというのは当然で、意味がないとか信頼できないということではなくて。株価予想でいうと、統計はテクニカルということになるのですが、そうではなくて、ファンダメンタルが大切だと。

鳥海先生が研究の材料にされている人狼は、人を説得するゲームだと思いますが、そのあたりどうでしょうか。

鳥海　いまのお話、人狼知能（人狼をプレイするＡＩ）にもフィードバックしたいと思いました。人狼というゲームは、ほかのプレイヤーを説得するゲームですから、ロジックで納得できる説明をしないと信用されないのですが、そのあたりがまったくできていない。

山田　ロジックベースの推論というのは、確かに人狼には合っていますね。

鳥海　ＡＩベースで考えると、誰が何である確率が何パーセントで、うそをついている可能性が何パーセントだから、どういう行動を取るのが正解とか。人間が人狼をプレイするとき、そんなことを考えてプレイすることはないですから。

山田　人間の思考は、確率ベースではないですね。確率や数字を重視する思考だったら、宝くじとか競馬は成立していない。

鳥海　私もｔｏｔｏを買って当たったときのことを妄想していますからね（笑）。

数字って、説得力があるように見えて、実は意外と説得力はない。何パーセントといわれても、「オレの考えているのとは違うな」と反発されてしまう。

山田　説明が間違っていても、納得できる説得力があれば、人はそれを信じてしまいます。実生活では、正しいかどうかは結果が出るまではわからないですから。

今後のＡＩ開発においては、可読性とか、説得力というものが重要になるように思います。エキスパートシステムでは、推論過程がたどれるというのはとてもよかった。そこには説得力がありましたから。

鳥海　結果が間違っていたとき、その結果にたどり着いたロジックをたどれるからこそ、チューニングができることになりますね。

山田　ニューラルネットで120も層があったら、人間にはどうやっても理解することはできません（笑）。可視化できるのは二層めか三層めまでといわれていますから、それでは何がどうなっているのかはさっぱりわかりません。

鳥海　まだ画像は視覚でわかるので何となく理解できそうなのですが（笑）。

山田　少なくとも、可読性のある、または人間が解釈できるものが出力されるようなシステムやメカニズムはない。そういうメカニズムが入れられるとさらに進化するようにも思えますね。

鳥海　そうなると、つねに自然言語とともに学習するシステムということになるのでしょうか。

山田　自分が学習したプロセスを、自分で説明できるかを確認しつつ動くというのは、オリジナルで面白いテーマかもしれませんね。大変そうですけど。

これからのＡＩ開発では、感情、気持ち、雰囲気、信頼といった、高次元かつ抽象的な問題になってくると思いますが、どうアプローチするかはまだ見えていませんね。

鳥海　そのベースにディープラーニングは使えるかもしれませんね。パターン認識に近いですし。

山田　認識と生成があって、認識には多分有効ですね。

鳥海　そのあたりをしっかりと構築したうえで、人間の持つ高次な機能をつくると、少し未来が見えてくるような感じが。

山田　シンギュラリティの「シ」くらいは見えてくる（笑）。ただ、開発者や企業の人に、問題意識は生まれていると思います。

最終的には、人とＡＩが仲良くできる時代が目標ですね。人が二人、またはＡＩとＡＩという組み合わせよりも、人とＡＩのペアが一番よいパフォーマンスになるようなＡＩを開発したいですね。協調作業により創発されるという。一たす一が二ではなく、それ以上になるような。ＡＩは、人に害をもたらす存在ではなく、人にとって頼もしいパートナーになると私は信じています。

山田氏には人工知能学会会長としてではなく、一研究者としてお話を伺ったが、その目はすでに第四次ブームを見据えていた。現在のディープラーニングの有用性は踏まえつつも、その先の大きなブレークスルーがなければ強いAIもシンギュラリティも来ないであろうという予想は興味深い。とくに、数学の発展が次の一手であろうという考えは、いまの人工知能界隈にはあまりない捉え方ではないだろうか。

それにもまして、ディープラーニングの基礎となる技術は30年間日の当たらないところでコツコツと続けられていたという話は、流行に乗っている研究者や企業人にとっては耳が痛い話である。ブームに乗って活動をすることも重要だが、やはり最終的にブームを作り出すのは、たとえ評価されなくても地道に自分が信じたテーマを続けていく、その継続性ということなのかもしれない。

第四次ブームを自分の手で作り上げようと思うならば、華やかなディープラーニングだけではなく、一見地味な、たとえば数学のような技術の発展に寄与することが大切だということであろう。

さて、ここまで松原氏、山田氏には人工知能の歴史から未来に向けて時間の流れに沿ってお話しいただいた。次からは、現在の人工知能について技術・研究の側面から話を聞いてみよう。

強いＡＩの前に弱いＡＩでできること

話し手・松尾豊（まつお・ゆたか）　東京大学大学院工学系研究科特任准教授。専門は人工知能、ウェブマイニング、ビッグデータ分析、ディープラーニング。

日本においてディープラーニングを牽引する第一人者といえば、やはり松尾氏であろう。２０１７年の人工知能学会全国大会でもディープラーニング研究において中心的な役割を果たしていた。もちろん、松原氏、山田氏が語ったようにディープラーニング＝人工知能ではないが、第三次人工知能ブームを語るうえで、ディープラーニングは外せない。

ここでは、ディープラーニングでできることのすごさではなく、ディープラーニングが人工知能技術として何が抜きん出ているのか、その本質について聞いていきたい。

松尾氏と筆者は同じ東京大学工学部システム創成学科に所属している、いわば同僚であるが、松尾氏と学内で会ったのは一年以上ぶりであった。いかに松尾氏が全国、全世界を駆け巡って活躍しているかがわかるというものである。

ディープラーニングによるイノベーション

鳥海　松尾先生は、ディープラーニングの日本の第一人者のおひとりですが、第三次ＡＩブームの根幹であるディープラーニングの意義、その価値といったものについてお話を伺わせていただければと。

松尾　ディープラーニング、すごいですからね、あれはかなりヤバイ（笑）。

鳥海　いきなりの大賛辞ですね（笑）。

松尾　私は、かなり早い段階からディープラーニングは変革をもたらすものだと思っていました。ディープラーニングが注目された一つのきっかけは、２０１２年に開催された画像認識コンテストILSVRC 2012でした。このとき、トロント大学のジェフリー・ヒントンらが制作したディープラーニングを取り入れたアルゴリズムのSuperVisionが、二位以下に大差をつけて優勝したのですが、これがとても大きな話題となりました。

ディープラーニングのもととなるものは、ヒントンらの研究チームが２００６年に開発した技術で、当初はディープビリーフネットワークという用語が用いられていました。

私自身は、２００５年にＩＢＭが制作した同様の技術に感動したのを覚えています。それは、教師無しで特徴抽出すると、後から出てきた分類問題に対して精度が上がるというもので、文書分類に関してのものでした。

ディープラーニングについては早い時期から注目していたのですが、私は当初、ディープラーニングの能力が発揮されるのは、ウェブの領域、つまりデータの多い場所だろうと考え、そこでイノベーションが起きると推測していました。ですが、最初に話題になったのが画像だったので、そこは読み間違えてしまいました（笑）。

鳥海　大量の画像を利用できたのはウェブによってですから、外れてはいないともいえますね（笑）。

ディープラーニングに先を越された

松尾　中島秀之先生が研究統括された「戦略的創造研究推進事業・個人型研究・さきがけ」で、「ネットワーク理論と機械学習を用いたウェブ情報の構造化・知識化」という研究を行いました。そこで行った、ブログなどのウェブ上に書かれている、あるいはツイッターでつぶやかれている情報などの間の「構造」を抽出し、目的に応じた「意味」を抜き出す技術の研究は、かなり話題となりました。

従来手法は、マルチタスク・ラーニングなどを用いて、たくさんのタスクを行うというものでした。従来手法の中で私が着目したのは、安藤先生らが開発した手法で、「語」自体の出現を予測するというものでした。これだと、共通素性が出現して、補助問題や語の予測問題を自動生成して、別の分類問題に非常に有効なのですが、この手法がとても素晴らしいと思い、私の研究でもこれを参考にしました。

私は、ネットワーク的に、それぞれがそれぞれを予測する形で特徴量が構成されていくということが可能だと考えて、そういったモデルを提案していました。いまでいうスタックド・オートエンコーダーのようなものです（図1）。

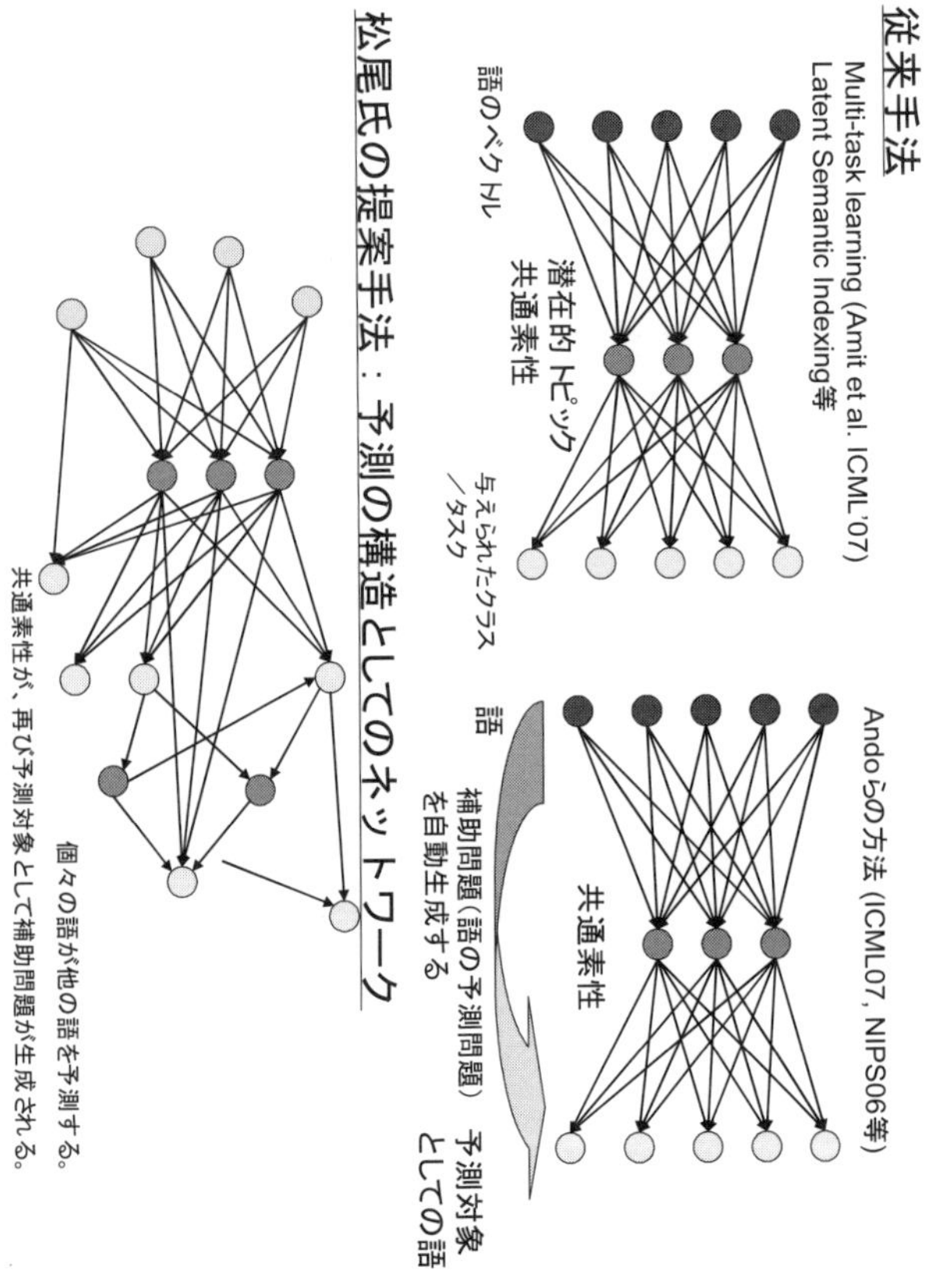

従来手法
Multi-task learning (Amit et al. ICML'07)
Latent Semantic Indexing等
語のベクトル
潜在的トピック
共通素性
与えられたクラス／タスク
Andoらの方法 (ICML07, NIPS06等)
共通素性
語
補助問題（語の予測問題）を自動生成する
予測対象としての語
松尾氏の提案手法：予測の構造としてのネットワーク
個々の語が他の語を予測する。
共通素性が、再び予測対象として補助問題が生成される。

図 1

鳥海　階層型ではないのが特徴的ですね。

松尾　はい。脳の中には固定的な階層なんてありませんので、ネットワーク的な構造を考えました。階層的な構造は、なんと原始的なとも思いましたが、効果的であればそれでもよいのかなと、そんな感覚もありました。

ディープラーニングの考えは、私が提案したかったという思いが実はあります。２００５年くらいから独自に研究をしていたのですが、先を越されてしまったのは残念です。昼の研究、夜の研究ではありませんが、仕事としての研究を昼間やって、自分の時間でこちらの研究をしていたのですが、なかなか形にならなかったところで、２０１２年にディープラーニングを使った高い精度の研究が発表されてしまった。

ベンジオ先生やヒントン先生が、たまたまそこにたどり着いたというのであれば私にも勝ち目はあるのですが、論文を読むと、「リプレゼンテーションラーニング」と書かれている。特徴抽出なのですが、この時点でリプレゼンテーションラーニングと書いている時点で、「この人たちはわかってやっている」ということが理解できてしまう。私がとても偉い先生方の業績にこういう表現をするのはあまりよくないのですが、相当考えてやっていることで、あれはたまたまではないんだと（笑）。

わかってやっている人たちが結果を出している。一発屋がたまたま当てたのとは違いますから、これは追い越すのは無理だなということがわかるわけです。そうなってしまえば、あとは追従するしかない。そうして、２０１２年くらいからは、追従モードに入りました（笑）。

シンボルは知能のターボエンジン

鳥海　予算なんかも桁違いですからね、グーグルやＩＢＭは。

松尾　そうですね。私は普通の規模のプログラムで、チマチマとやっていましたが、あちらは規模が違いますから。結局、データ量の違いが大きいですね。

ディープラーニングが大きなブレークスルーであることは認識できていたので、２０１２年からは私の研究室でもディープラーニングを用いて研究することにしました。

ですか、ディープラーニングがとてもすごいものであることに、世間ではなかなか気づいてもらえず、それで『人工知能は人間を超えるか――ディープラーニングの先にあるもの』（ＫＡＤＯＫＡＷＡ、２０１５年）という本を出したのですが、これが想像以上に売れてしまって（笑）。

鳥海　街中で松尾先生の名前を聞くくらいでしたからね（笑）。あれからテレビや雑誌でディープラーニングが話題となって第三次ブームになったという印象もあります。

松尾　ＡＩの世界では多くの研究者が身体性は不可欠だと主張していますが、私も身体性は重要だと考えます。私たち生物は、外界の状況を観測して、その情報を処理して行動に移すというループの中で行動して生存している。そのうえにシンボル（記号）が載っている。シンボルは知能のターボエンジンのようなもので、知能をブーストしている存在だと私は考えています。

鳥海　整理整頓のためではなく、ブーストですか。

松尾　学習速度をきわめて上げている、効率的にしているという意味で、ブーストという言葉を使っています。

これまでのＡＩが、認識のパターン処理があまりできなかった、得意ではなかったところにディープラーニングが登場して、これを可能にした。これはとても大きなことで、ＡＩの可能性を格段に広げるものと思います。

鳥海　可能性を広げるというのがポイントですね。

松尾　ＡＩにおいて身体性は重要で、そのうえに記号が載るというのははっきりしているわけです。

画像があって、マルチモーダルがあって、ロボティクス（行動）があって、インタラクションがあって、言葉とのひもづけ（シンボルグラウンディング）があって、言語からの知識獲得、記号処理があると。流れを簡単にまとめると、認識、運動、言葉という流れがあって、その後に社会とのかかわりとかコミュニケーションがあるということです。

人間の発達のプロセスとおおむね似たものになっていますが、これまでのＡＩの歴史を振り返ると、結局こういった形しかないというのは、先人の多くが主張していたことで、ディープラーニングは決して目新しい考え方ではありません。

動物の場合は、身体性と思考というものをモデル化すると、図2のようになると考えています。思考というのはパターンの空間と記号の空間を行ったり来たりすることで、従来のＡＩではパターンの空間が再現できていなかったのですが（図3）、ディープラーニングの出現により、このパターンの空間が人工的に再現できるようになった。

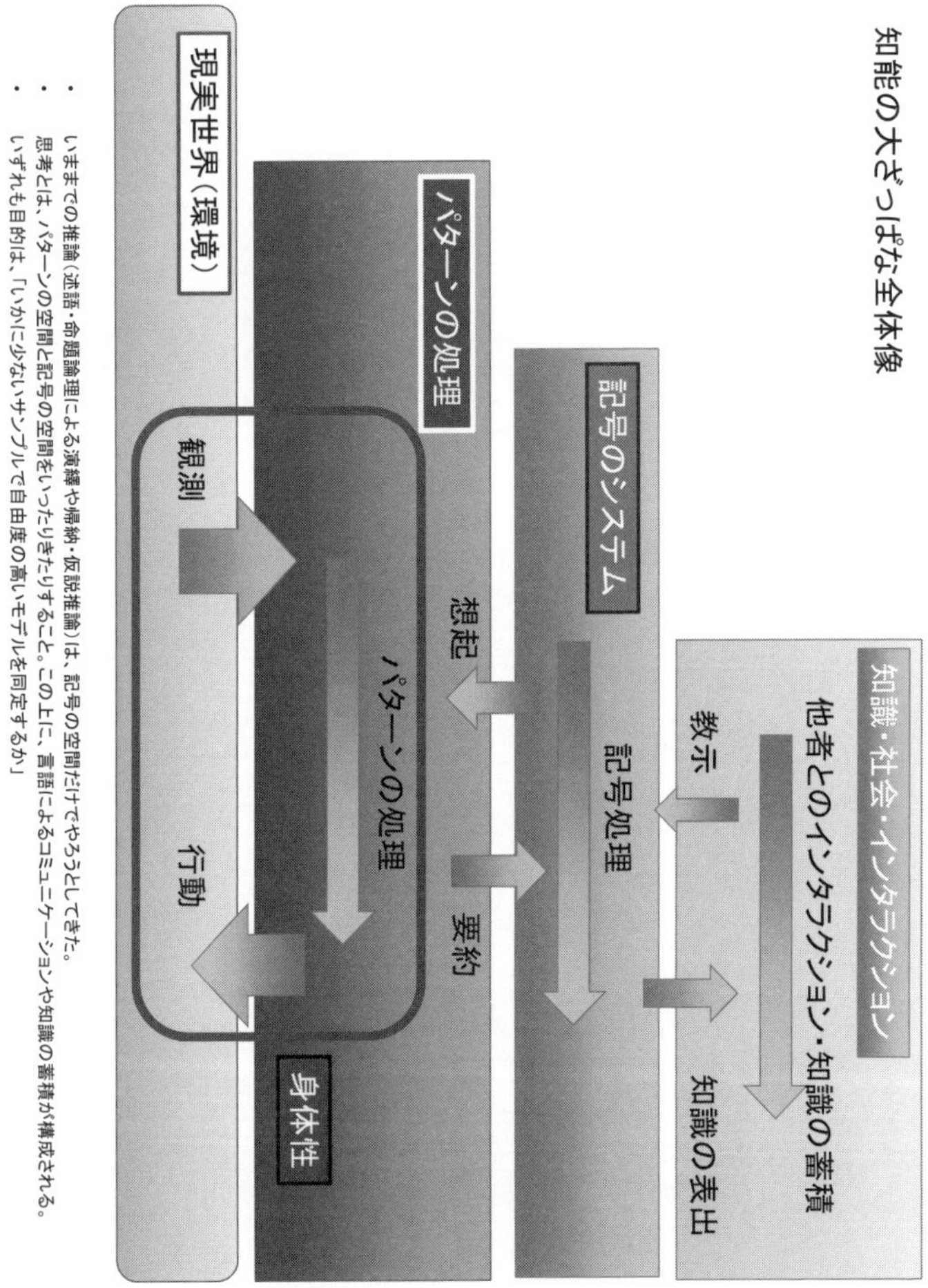
知能の大ざっぱな全体像
知識・社会・インタラクション
他者とのインタラクション・知識の蓄積
教示
知識の表出
記号のシステム
記号処理
想起
要約
パターンの処理
パターンの処理
身体性
現実世界（環境）
観測
行動
・ いままでの推論（述語・命題論理による演繹や帰納・仮説推論）は、記号の空間だけでやろうとしてきた。
・ 思考とは、パターンの空間と記号の空間をいったりきたりすること。この上に、言語によるコミュニケーションや知識の蓄積が構成される。
・ いずれも目的は、「いかに少ないサンプルで自由度の高いモデルを同定するか」

図 2

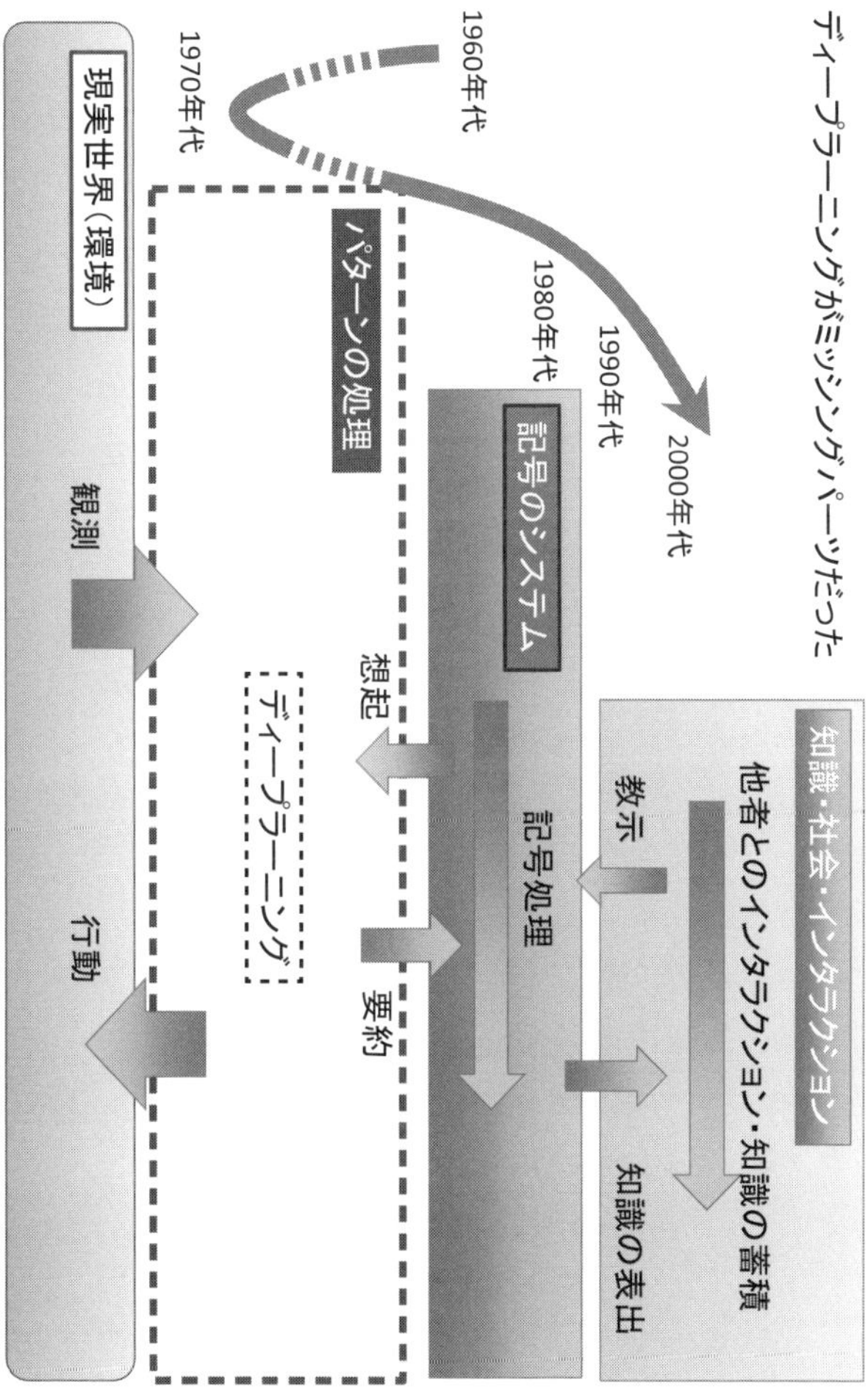

・いままでの推論（述語・命題論理による演繹や帰納・仮説推論）は、記号の空間だけでやろうとしてきた。
・思考とは、パターンの空間と記号の空間をいったりきたりすること。この上に、言語によるコミュニケーションや知識の蓄積が構成される。
・いずれも目的は、「いかに少ないサンプルで自由度の高いモデルを同定するか」

図3

ディープラーニングにできることには限界があるが、その先にあるものが果てしない

松尾　ここで私が主張しているのは、ディープラーニングを使った、その先にあるものが大切で今後の技術の進展の鍵になるということです。

不思議議と、私の主張に対して「ディープラーニングで何でもできるわけではない」とか「ディープラーニングは大したことない」とか、そういった意見を述べられる方がいます。すでにさまざまな分野で大きな成果をあげていますから、大したことないわけではないし、もちろん、ディープラーニングで何でもできるわけでもないです。

ディープラーニングそのものでできることなどというのは、認識をいままでより高いレベルで行うというだけのことです。ですが、そのことで広がる可能性は、とても大きく果てしない。

人がサルや犬と違うのは、脳がシンボル・記号を扱うことができるという点ですが、これまでのＡＩ研究では、まず先にこの記号処理について研究を行っていました。人間とほかの動物との差異を考えれば、シンボル操作の違いだろうとなるわけですからこれは正しい方法論ではあります。

パターン処理に関することは、コンピューターの処理能力の問題もあって、これまではあまり研究が進まなかった。そのため、知識処理とか、マルチエージェントといった外に向かう方向の研究が先に進んでいたわけで、これは仕方がないことでもあります。

ディープラーニングのような深い階層の構造によるパターン処理に関する研究は、２００５年くらいか

らあったわけですが、2012年に大きな成果を出せたのは、コンピューターの処理能力、マシンパワーがそれなりの水準になったからだという見方もできます。

鳥海　これまではデータがなく手をつけることができなかったところ、ディープラーニングによって記号空間ではなく、パターン空間そのものを再現できるようになったというわけですね。

松尾　はい。ディープラーニングによって、認識、パターン処理が高いレベルで可能になったことで、これまで議論されてきた多くの研究が、さらに重要な意味を持つことになります。これまでのAI研究の成果が、よりリアルなものとして、私たちの実生活に影響を及ぼすことになると、私はそう考えます。これまでは単に記号だけを扱っていたものが、これからはグラウンドされた記号処理（シンボルグラウンディング）になりますし、知識処理も実体験に基づいたものになります。

シンボルグラウンディングとは、記号と、実世界でそれを意味するものとを結び付けることをいう。詳しくは我妻氏へのインタビューの記号接地問題の解説を参照。

松尾　実は、私が主張していることは、このように、ごく普通のとてもシンプルなものなのです。そして、ディープラーニングとこれまでのAI研究の成果の融合で広がる可能性、社会への影響は、とても大きなものになるだろうと予想しています。

鳥海　現段階で、ディープラーニングを用いて成果を出している研究は、まだそこまでは進んでいないように思うのですが。

松尾　言語やテキスト情報でディープラーニングを使うのは精度は出るのでよいのですが、その使い方は、ある意味で邪道かなと私は思っています。それは、いままでの統計的言語処理とあまり変わっていないもので、実際はシンボルグラウンディングしているわけではありませんので。

本当にシンボルグラウンディングした形でテキスト抽出をしたいのであれば、画像とか映像とか、身体性と言葉のラベルを結び付けて意味を理解できるようにしたうえでテキスト処理をするという流れになるはずなのです。それをせずにパターンで処理するというのはどうかなと。

グーグル翻訳などは、RNN（リカレントニューラルネットワーク）であれだけの精度を出していることは驚きではありますが、それはRNNのすばらしい汎化性能のためであって、結局は行き止まりになるだろうと思って見ています。

鳥海　パターン認識の世界とAIの世界を分けて考えたときに、それらはパターン認識の世界に収まってしまっているということですね。ある種、現実との間の中間言語のようなものを構成したというように見れば、評価もできる気がするのですが。

松尾　とはいえ、これまでも共起とか検索の統計処理などは行われており、それと世界観は同じかなと。それでどこまで進められるのかというのは、私にも興味はあります。一度も文字世界を見たことがない人が、言語の空間をどこまで理解できますかという問いと同じですね。人間の場合は、抽象概念だけで処理できてしまうので、それで成立している面はありますが。

本当の意味で意味を理解するというのは、生物であれば、視覚であったり空間認知だったりというのがベースにあって、それらが抽象概念を形成するときにも有効に使われている。たとえば、「恋に落ちる」

とか「困難を乗り越える」という言葉は空間的な表現になっていますが、これは、抽象概念においても、空間的な認知や実体とのインタラクションという仕組みを使っているということですから。

ディープラーニングは強いAIそのものにはならない

鳥海　強いＡＩというものを追い求めたとき、ディープラーニングがそこで使えるとすれば、現実世界と記号空間とを結び付ける道具としてであって、ディープラーニング自体が知能を持つとか、そういうことではないということですね。シンボルグラウンディングの部分のみで使われると。

松尾　人間の場合は、グラウンドしたシンボル自体をある種のパターンと捉えるといった構造があります。ディープラーニングの処理でも、ＲＮＮとＣＮＮ（Convolution Neural Network・畳み込みニューラルネットワーク）を部品のように組み合わせて用いたりしますし、そのような要素はあるとは思います。大ざっぱにいえば、現実世界とひもづくところでディープラーニングを使って、あとはいままでのモデルでもよいのではないかと。

鳥海　認識系に使えるだけのものと、そういうことですか。

松尾　「だけ」というと語弊がありますが、むしろいままではそこで困っていたわけですから、ディープラーニングによって突破口を開いたと、そういったイメージです。

鳥海　世間では、ディープラーニング万能論に近いイメージが蔓延している雰囲気で、ディープラーニングで意識が生まれるのではないかと、そんな話もあるようですが。

松尾　そのあたりについては、私はもっと慎重に考えるべきという立場を取っています。まず、ディープラーニングでとても大切なことは、認識ができるということです。これは、ロボティクスの世界や機械の世界では、革命的に大きな出来事だと考えています。ですが、そこで意識などの話をするのは、まだ早いのではないかという気持ちもあります。

片付けロボットが世界を革新する

ディープラーニングは強いAIそのものにはなり得ない。では、弱いAIとしてディープラーニングはどこまで行くのだろうか。松尾氏は、ディープラーニングによって、どのような技術革新が起きると予想しているのだろうか。

松尾　ディープラーニングの認識するという機能を使った「片付けロボット」をつくりたくて仕方がない（笑）。

お掃除ロボットのルンバは、認識しているわけではありませんので、ほこりを取るだけの機械です。ルンバには、掃除という概念は存在しない。私の考える片付けロボットには、ほこりを取るだけではなくて、整頓などの片付けるという行為が含まれるので、そこでは認識する機能が必要になります。

多分ですが、部屋の片付けロボットは、潜在的市場規模で数十兆円になると試算しています。皆さん、誰もが片付けしますよね。

鳥海　う、耳が痛い。

松尾　もちろんしない人もいますが、手間がなくて誰かがしてくれるのであれば、してもらいますよね、特殊な価値観を持っていない限り。

オフィスでも家庭でも商業施設でも、片付けという仕事はあらゆる場所に存在します。あらゆる場所で、あらゆる人が片付けから解放されると、とても楽ですし、そこに費やされる時間が別のことに使えるようになり、それが消費に向かえば、世界経済にも大きなプラスになります。

価値観の変化もあります。少し前までは、誰もが車を購入して乗っていました。そこに価値を見出していたのですが、最近は車に乗る人が減り、車の購入者は減りつつある。ですが、掃除や片付けにかける費用は増大しています。ルンバもそうですし、ダイソンの何万円もする掃除機がヒットしています。

自宅や職場での片付けには、今後、自動車と同じくらいのコストがかけられるようになると思われます。そうなると、そこに新たに自動車産業と同程度か、それ以上のマーケットが出現するポテンシャルがあると考えられるわけです。

そしてこれは、ディープラーニングと掃除ロボットの組み合わせという、とても単純な組み合わせで実現できるもので、決して夢物語の技術ではない。

鳥海　個人的には、できればとても嬉しいです。

松尾　ここで先鞭をつけることができてマーケットを占めることができれば、ＡＩの研究開発費に数兆円といった金額を出すことも不可能ではない。60兆円の売り上げで3兆円の研究開発投資。潤沢な予算があれば、グーグルに勝てるかもしれないじゃないですか（笑）。

ディープラーニングが、とてもすごい革新的な技術だということを、企業やメーカーはもっとはっきり認識して、いち早く商品に導入すべきだと思っています。インターネットが実用化され、世の中全体が大きく変化しました。インターネットを利用した企業は急速に成長し、いまや世界の企業の上位は、ほとんどがインターネット、ＩＴ関連です。日本が世界に誇るモノづくりの、その頂点のトヨタですら、時価総額ではやっとベスト30に入るといったところです。

ディープラーニングと親和性の高いものとしては、ほかに自動調理機械などがあります。これも、人にとって必要不可欠なものですから、市場として成立しやすい。

現在は、ディープラーニングによるイノベーションが始まったばかりのタイミングです。この時期に、先んじてディープラーニングの技術を応用した商品開発や実用化を行えば、日本の未来はかなり明るい。何より日本のお家芸であるモノづくりの技術が活かされるので、日本は他国よりも有利な立場にあるといえるでしょう。

これは私があちこちで主張していることですが、ディープラーニングを応用した商品開発で市場を早期に開拓し、巨大なシェアを手にした日本が、そこで得た利益の何割かをＡＩ開発に投資すれば、日本はこの分野で圧勝できる可能性が出てくると思います。

世界のグーグルの強さ

鳥海　人工知能の分野では、日本はアメリカや中国など世界に後れを取っているような気がします。

松尾　私は、2005年からしばらく、スタンフォード大学に行っていたのですが、当時は「グーグルをつくった人は偉いな」というのが素直な感想でした。能力のある研究者がたくさんいて、自由に研究ができて、研究者に対する待遇もとてもよい。単純に、豊かなお昼ごはんが提供されるということだけでも、その差は大きい。

日本であれば、お昼にどこかに食べに行ったり、お弁当をつくって持ってきている人もいます。お昼ごはんを提供するということは、それらにかかる時間のロスをなくし、無駄な労力から解放されるということです。しっかりとした健康的なメニューは、健康にもプラスで、研究者が体調を崩す確率を下げ、病気でのロスも減少します。昼食を提供するというそれだけのことで、グーグルは効率アップと同時に、居心地のよさで、定着率も高めていることになります。

私たちは研究をして、論文を書いてそれを発表して評価されたりされなかったりで、それが世の中に影響を与える頻度はとても少ない。ですが、グーグルで検索エンジンを開発し、具体的に使い勝手などをよくしている彼らは、直接世の中と結び付いていて、研究が実際に役立ち、なおかつ大きなお金を生んで、研究開発にそのお金が循環している。数年前までは同じスタンフォードで学んでいた人たちが、いつの間にかグーグルの役員になっていたりして、彼らは大学の研究者以上の大きな仕事をして、成果を出し、社会にも貢献している。

鳥海 すでに多くの研究者が大学からグーグルやフェイスブックに移っていますよね。

松尾 情報系の世界というのは、単に研究をしていればよいという時代はすでに終わっているのではないかと、そう考えています。

研究が何か成果を出し、それが産業界に移転されて、さらには大きなビジネスになるという直線的なモデルが、これまでの形でした。現在はそうではなくて、研究をベースとして何らかのビジネスに結び付き、そこでの利益から研究に再投資されるというサイクルをつくった者が勝つという時代に入っている。グーグルなどはそのよい例ですが、ビジネスはすでに研究そのものと同じ価値を持っていると考えるべきではないかと。

グーグルの代表者スンダー・ピチャイはAIに興味を持っていて、桁違いの資金を研究に投資しています。研究が真実に近づく行為だとすれば、ピチャイはAIの分野で、私よりもずっと研究を進めているという見方ができるわけです。

グーグルはディープマインドを買収していますが、あれは企業買収というよりも、実態はデミス・ハサビスという天才をヘッドハントしたと受け取るべきと思います。ピチャイはこれにより、自分の考えている方向でハサビスに研究をさせることができるわけです。そうして考えると、グーグルは巨大なラボ（研究室）であるといった見方もできてしまいます。お金を稼ぐということが、すなわち研究の一部だと、これからはそういった考えをするべきでしょう。

鳥海 自分で手を動かすことだけが研究ではない、と。

松尾　戦争にたとえると、最前線での鉄砲の撃ち合い、戦車や軍艦の直接の戦いも戦争ですが、物資の輸送や補給といった兵站も戦争ですし、軍事費を稼ぐ経済活動も戦争の一部です。古代では兵士と兵士の直接の戦いで勝敗が決していましたが、近代になると、兵士が前線で戦うことよりも兵站や経済力のほうが重要になり、勝敗を決定するのは、前者ではなくむしろ後者の優劣へと変化しました。

研究の世界もこれと理屈は同じで、全体で見た場合は、個々で優秀な論文を書くことよりも、より多くの論文を書ける人材を集めたほうが、大きな成果を出せるということで、実際にそれが現実になってしまっている。

昔はそうではなくて、研究を続けることが競争力につながり、それで大きな業績が残せました。その時代の研究者は、産業や社会を意識することなく研究に没頭していればよかったのですが、ここ20年くらいで情報科学の世界は大きく変化し、ビジネスと結び付いた形の研究の優位性が急激に高まったように感じます。

強いAIについて議論するには早すぎる

鳥海　松尾先生もグーグル超えを目指すということですね？（笑）

松尾　私の人生設計では、ディープラーニングが世の中に出てきて評価されるのは、まだずっと先、2030年くらいだろうと読んでいたのですが（笑）。

すると、年齢も50を過ぎたあたりで、それなりの立場と人脈もある年齢で、ディープラーニングが世に出たらそのときにいろいろと展開できればと。それまでにビジネスをつくったり組み立てたりできる力を身に付けておこうという考えで大学に戻ったのですが、意外と早くディープラーニングが世に出てしまったという状況です。

学術的に見た場合は、ディープラーニングは今後、記号との融合とか、それが知識獲得にどう結び付いていくのかといった、とても興味深い展開が考えられるのですが、産業的にはそれらはいまのところはあまり関係がなくて、そこまで高次ではないものでビジネスが成立すると思っています。

鳥海　それがお片付けロボットですね。

松尾　何がどこにあるかが認識できて、何がどこにあるべきかがわかっていて、移動して、つかんで、あるべき場所に置いてと、それだけで大きな産業になる可能性がある。それが実現すれば、グーグルに近づける。もしかしたら追い越せる位置に立てるのではないかと。もちろん、グーグルはすばらしい会社ですし、それを追い越すということがいかに大変なことかもわかっています。ただ、日本の産業が再び明るく輝くという未来がないわけではないと思っています。

強いＡＩの話も面白いのですが、強いＡＩのほうに注力してしまうと、リアリティのある、「ビジネスで儲けて、その利益で研究に投資をするというサイクルをつくり、結果的にＡＩ開発を推し進めましょう」という話から横にそれてしまって、ある種、趣味の世界の話に進んでしまうように感じます。そういう意味で、最近はシンギュラリティの話などもしないようにしていまして（笑）。

強いＡＩとかシンギュラリティの話は、私も個人的にはとても好きなので、ブームのタイミングでなければいくらでもそういった話を楽しむのですが。いまは、産業としていかに大きくするかが問題で、ＡＩ

研究全体にとってとても大事な時期なので、あまり強いＡＩについての話題に近づきたくはないと。産業で収益を出して、その利益から研究開発費に多くの予算を回せるようになれば、そこから改めて強いＡＩへのアプローチもできると思いますので、強いＡＩについては、それまではしばらくお休みということで。

鳥海　お片付けロボットでトヨタもグーグルも超える。とても魅力的で壮大な話で、リアリティもあるお話です。そして、強いＡＩは、またその後の話ということですね。

松尾氏は、ディープラーニングは単に優れたパターン認識であるという以上の存在と認識し、その将来性に大きな期待を寄せている。

「強いＡＩの話はその後」というのはきわめて地に足を着けた考えのように思える。強いＡＩの出現はまだまだ先の話であり、いま現在考えるべきは弱いＡＩをいかに産業応用するのか、である。

現在すでに日本は人工知能分野においてもグーグルやアップルなどの後塵を拝している。それは、あるいは持っているデータの質かもしれないし、予算規模なのかもしれない。しかし、持っていないことを嘆いていても今後世界と戦っていくことはできないだろう。松尾氏が提案するお片付けロボットは、日本の戦略として現実的な路線なのかもしれない。もともと日本が得意としているロボット技術の分野にディープラーニングの技術を適用していくという提案は、世界と戦ううえで十分魅力的に思える。

もちろん、お片付けロボットだけではなく、ディープラーニングがあるからこそできる技術というのはいくらでもあるだろう。今後は「ディープラーニングがすごい」ではなく、「ディープラーニングを使ったこの技術がすごい」になり、やがてディープラーニングを使うのが当たり前となったうえで、新しい技術が生まれてくるようになるのだろう。

そのためにも、現在の人工知能技術がどこまででき、どこからはまだできないのかということを正しく認識することは重要である。

汎用人工知能と真の対話エージェント

話し手・東中竜一郎（ひがしなか・りゅういちろう）　NTTメディアインテリジェンス研究所主任研究員。質問応答システム・音声対話システムの研究に従事。

現在の人工知能ブームを牽引している技術の一つはいうまでもなくディープラーニングであるが、一般にもわかりやすく人工知能の発展を見せてくれる技術が、対話エージェントではないだろうか。マイクロソフトが作成した女子高生AIりんなや、アップルのSiriなど多くの対話エージェントが実サービスとして導入されており、直接その技術に触れることができる。一方で、米国マイクロソフトが開発したTayは、差別的発言を繰り返すようになり、サービス開始後わずか一日で公開が中止されたことは記憶に新しい。

驚くような発展を見せる一方で危うさも見せる対話エージェントについて、長年にわたり対話エージェントの研究を行っている、国内における対話研究の第一人者の東中氏に話を聞いてみよう。

対話エージェントの黎明期、または二人の思い出話

鳥海　東中先生は、かなり昔から対話エージェントを研究されていますが、現在アプリなどで使用されている対話エージェントについてはどうお考えですか？

東中　Ｓｉｒｉとか、りんな、Google Allo など、音声や文字でやり取りをするＡＩサービスは確かに増えていますね。ですが、それが本当の意味での会話になっているかというと、まだ完全にそこまで到達しているわけではありません。とはいえ、音声認識をはじめとするさまざまな技術が、かなり進んでいるなという認識はあります。

鳥海　やはり、昔と比べると格段に進歩していますよね。

東中　私がＮＴＴに入社したころ、コンピューターは単語の認識すらおぼつかない時代でした。当時の数百単語しか認識できなかった時代と比べると、隔世の感があります。もちろん、いまの時代のＡＩも、トンチンカンな応答をすることが少なくありませんが、ある程度のやり取りができているので、かなりの進歩だと思います。

私が研究を始めたばかりのころは、コンピューターが応答できただけで相当な未来感があって、多少会話がつながったとき、上司が「こいつはオレのことをわかっている」と喜んだりしていましたから（笑）。

電話でＡＩが応答する、フリーダイヤルの天気予報というサービスを展開したこともあります。そこでは、会話のデータ収集をするということも一つの目的だったのですが、電話はあまりかかってきませんで

した。社員が必死で番号の書かれた名刺を配ったりしたのですが（笑）。
そこでは、天気についてＡＩが回答するのですが、どうしてもトンチンカンな応答をしてしまう。当時は、声が音声合成ではなく、人間の声を録音したものを再生していたので肉声感がありました。なので、実際に人がしゃべっているように感じる人がいて、それにしては応答が変だったので、本物の人間が馬鹿にしていると思ってしまい、怒り出してしまう人もいました（笑）。これが２００２年くらいの話です。

鳥海　15年前だと、私が名古屋大学にいたころの上司、石井健一郎先生がCS研（ＮＴＴコミュニケーション科学基礎研究所）の所長だった時代ですね。

東中　名大での石井先生の研究は、かなり先進的なものだったと思います。統計モデルを対話に使うという発想は、当時はあまりありませんでしたし、雑談的な研究のハシリでしたから。

鳥海　私も石井先生の下で対話システムについて少し研究をしていたのですが、当初は、「はい」とか「そうなんですね」と、相づちを打つだけである程度はいけるだろうというスタンスでした（笑）。

東中　それだと、イライザ（ELIZA・初期の対話型自然言語処理プログラム。人工無脳の起源とされる）に近いものですね。

鳥海　その後、磯村直樹さんや稲葉通将先生（現広島市立大学）が研究室にやってきて、より本格的な対話エージェントの研究へと進んでいきました。

東中　磯村さんの研究も、私はかなり引用させていただいた記憶があります。

鳥海　ありがとうございます（笑）。

対話エージェントの進化

東中氏は、「しゃべってコンシェル」の開発や、「ロボットは東大に入れるか」プロジェクトで英語を担当したことで知られる、対話エージェントの専門家である。一体どういった経緯からこの方向に進んだのだろうか。

東中　私が日本電信電話株式会社に入社したのが2001年ですが、その当時アメリカで、DARPA（アメリカ国防高等研究計画局）が主導する「コミュニケーター（Communicator）」という、対話エージェントをつくる大規模なプロジェクトがありました。当時はアメリカの多くの研究機関がこれに参加して、飛行機のフライト予約システムなどをつくったりしていました。

当時の私の上司である中野幹生先生がMITに留学していたとき「コミュニケーター」で進められていた対話システムの研究に参加し、その知識を得ることができたのですが、帰国後、これを日本でも進めようということになりました。

対話システムの構成は、モジュール化されていて、音声認識部、発話理解部、談話（文脈）理解部、対話制御部、発話生成部、音声合成部があり、これらをパイプラインでつなぐというアーキテクチャなのですが、DARPAの研究などを経て、ようやく研究者の中でそのような合意ができ始めたのが、2001年から2002年くらいでした。

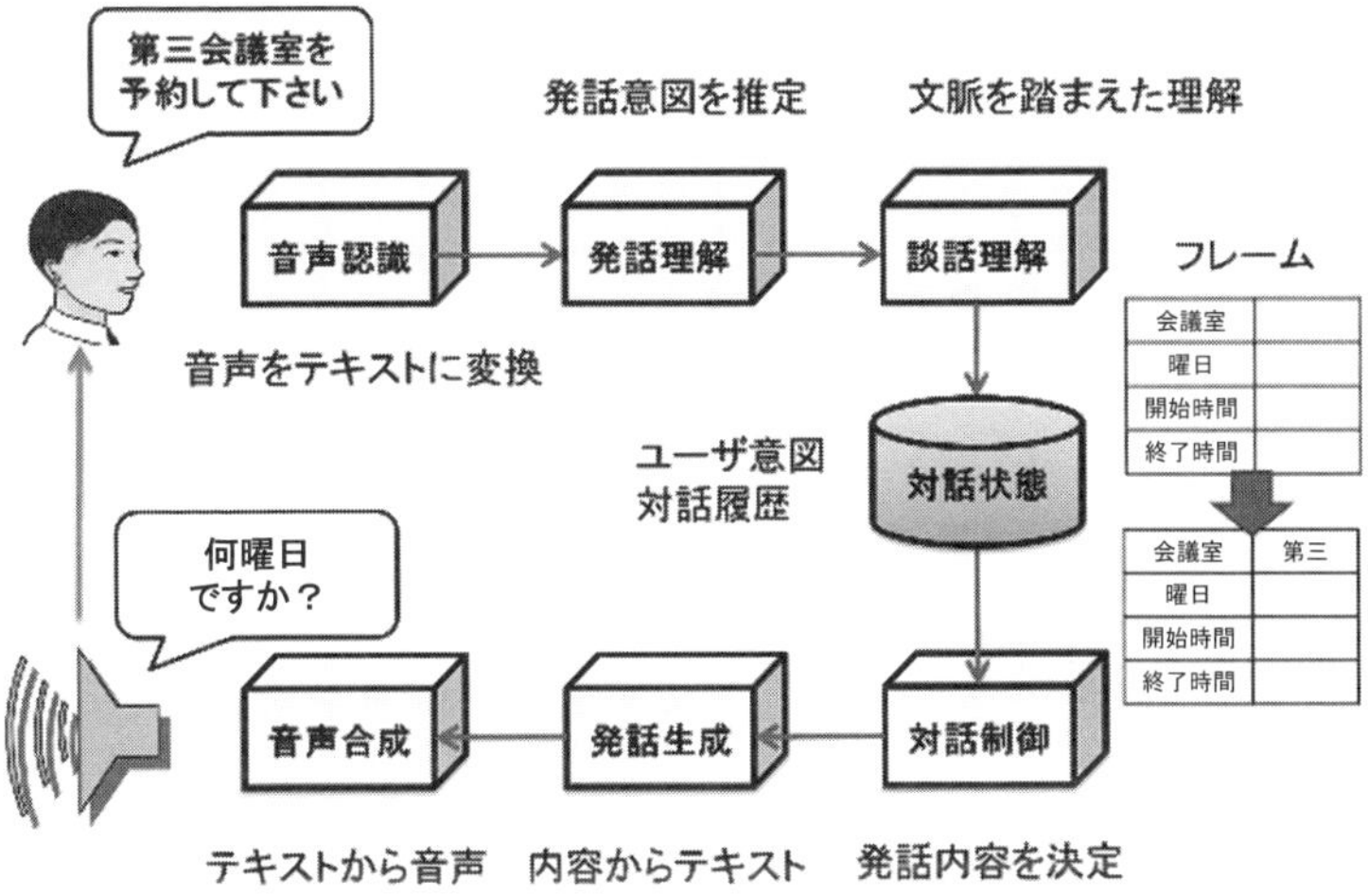

対話システムの構成

これをもとに、会議室予約システムですとか、乗り換え案内システムといった、いくつかのキーワードが入れば答えられるようなものをつくっていました。

鳥海　いわゆるタスク指向型対話ですね。

東中　会議室であれば、どの日に、どの会議室を、何時から何時までという四つの要素があれば予約できるので、これを聞き出します。

これだと、一週間に限定すれば七つの曜日のうちのどれかが決まればよいわけですし、あとはどの会議室を使うのかということと、その会議室を使う時間帯を確認すれば予約はできることになります。これなら、当時の非力な音声認識システムであっても、組み合わせれば予約システムは成立します。私は2004年くらいまで、こういったシステムをつくっていて、とくに、文脈理解を担当していました。

これは古きよきアルゴリズムですが、このアーキテクチャはいまも使われていますし、フレームで理解するというシステムも、いまも変わっていないと思います。

いまの研究はこれを拡張する方向で進んでいます。たとえば曖昧性のある場合にいかに最適な確認を行うかなどに強化学習が用いられて精度を高めています。また、実際に対話エージェントを使ってもらうためには、発話の生成の部分も重要で、いかにそれらしい文章にするかという「発話生成」もポイントになってきます。

オープンドメインへの挑戦

東中　この発話生成を拡充したいという思いがあり、そのために、2004年の後半から一年半の間、イギリスのシェフィールド大学に留学して、対話研究・生成のプロのマリリン・ウォーカー先生に学びました。そこでは、レストラン案内のシステムをつくっていました。そのシステムは、いくつかの検索条件を言うと、「どこそこのレストランは、これこれこういう理由でおすすめです」と返すのですが、この発話がテンプレートでつくられる定型のものだったので、それだとつまらないと思い、手を加えることにしました。

具体的には、ウェブのコンテンツを使って、表現方法を獲得するという研究を始めました。どういうものかというと、あるレストランを推薦したいという場合、「Babbo is the best restaurant」というのが基本だとして、これに理由を付け加えます。盛りつけがよいだとか、価格が良心的だとか。これを、談話関係でつないでやる。

価格がよいとか、盛りつけがよいということに対応する言葉をウェブのレビューサイトから取ってきて、「バボーはよいレストラン」だけではなく、「バボーは盛りつけが美しく、価格も良心的で素晴らしい」といった文章にすると、文章に肉声感が出るわけです。当時は、ウェブから得た知識を使って文章を生成するというのは初めてだったので、このシステムはいろいろなところから評価されました。

これだと発話にバリエーションができるので、同じパターンの文章が来るのとは違って、予想ができない要素が加わり知的さが演出されて、ユーザーも、よりしゃべりたくなるのではないかと。

鳥海　いまはウェブを使うというのは当たり前ですか、当時はハシリだったわけですね。

東中　いまでは当たり前かもしれませんが、当時は斬新だったと思います（笑）。

ウェブを使ったシステムで次に興味を持ったのが、ノンファクトイド型QAです。

普通のQA、ファクトイド（factoid）型質問は、地名とか数量などを問う質問で、たとえば「世界で一番高い山は」といったもの。一方、ノンファクトイド（non-factoid）型質問は、理由や定義を問うような質問。たとえば、「前田敦子とはどういう人ですか?」といった質問です。「AKBのセンターだった人で、どこ出身でいつ生まれて」と、いろいろな情報を組み合わせないと前田敦子という人物は説明できないので、AIにはこういった質問はとても難しい。

「なぜ空は青い」とか、「餃子を美味しくつくるには」といった質問に、ウェブから取ってきた情報で答えるというのはとても面白いと思ったので、ノンファクトイド型QAをやり始めました。エージェントに質問をすると答えてくれるというシステムです。研究していたのは、2007年から2008年くらいでした。

鳥海　そのシステムは、どこかで使われていますか？

東中　ＣＳ研のオープンハウスで公開しました。また、ＮＴＴドコモさんのスマートフォン向け音声サービスの「しゃべってコンシェル」（２０１２年3月1日サービス開始）にも部分的に入れています。当時、自然言語処理を用いて質問に答える秘書機能アプリ、Ｓｉｒｉ（アップル、２０１２年3月8日より日本語対応）がリリースされて、かなり話題になった時期です。

しゃべってコンシェルの最初のバージョンでは、ＱＡ検索は搭載されていなかったのですが、バージョンアップして、ＱＡに対応できるようにしました。

バックエンドがウェブなので、オープンドメインになります。これで、単に会議室の予約だけではなく、野球のことから天気のことまで対応できるようになるので、かなりＡＩらしくなったかと（笑）。ただし、質問にしか対応はできていなくて、質問の形でないときは、別のモジュールに行ってしまったり、「わかりません」と答えてしまったり、やり取りには限定があった。そこをさらに一歩進めて、何でも話ができるようにと開発しているのが、雑談対話システムということになります。

こう振り返ってみますと、対話システムの歴史に沿って、私も動いているなあ（笑）。その流れをつくっているのか乗っているのかはわかりませんが。雑談の分野では、現在の日本の中では、かなり進んでいるほうだと自負しています。

鳥海　ドメインが限られていたものが、オープンドメインになり、話の種類も問わなくなり、そして雑談へと、オープンな方向に進んでいるということですね。

東中　雑談となると、目的がそもそもわからないので選択肢が無限に広がってしまい、何を言ってよいのかがＡＩにはわからない。話を継続させるためにはどうすればよいかが課題になるのですが、そこで改めて人間のすごさがわかりました（笑）。

被験者にＡＩと会話をしてもらって、うまくいかなかったことに対応するようにいろいろとモジュールを付け加えていきます。人間にはこういう機能があるというのが少しずつ加わっていくのですが、それでもうまくいかなくて、何がまだ足りないのだろうと、突き詰めている途中です。

ソーシャルロボットの台頭

チャットであればテキストベースで成立するためスマホの画面で実現できる。音声対話であってもＳｉｒｉなどはスマホ上で対話することができる。一方で、ロボット技術も発達している現在では、ロボットに搭載する対話システムの実現にも大きな期待がある。人間のパートナーとしてのロボットに搭載すべき対話システムはどのようなものなのだろうか。

東中　以前は、欧米ではチャットについてはあまり強い関心はなかったのですが、最近になってソーシャルロボットがブームになりつつあるようで、チャットにも関心が集まりつつあります。

ソーシャルロボットにおいて、よく研究されている分野はマルチモーダルセンシングです。この人は興味を持ってくれているのかそうでないのかとか、話しかけてよいのかどうか。仲良くなるための秘訣、方法を得るということでしょうか。あと、打ち解けたりすることをラポール形成といいますが、アメリカでは、このラポール形成に関する研究が盛んです。ソーシャルロボットも、ラポール形成に関連するものなので、注目度が高いのだと思われます。

対話システムの本当の目的は何かと問われたとき、研究者の多くが「信頼の醸成」と答えるだろうと思います。対話システムは、一日だけ使うというものではなくて、かなり長期間使うものになると思うのですが、5年とか10年、あるいは孫の代までということもあり得ます。「おばあちゃんはこう言っていたよ」なんてことを、ソーシャルロボットから教えてもらうということすら、あり得ると思っています。

このように、長い期間使うシステムはそのときだけ使えればよいというものではありません。使い続けているうちに、相手を信頼し、その結果、大切なことも頼めるようになるというような、そういう関係性を築ける存在になることがゴールだと認識しています。

信頼関係を形成するためには、どういう表情で接したらよいのか、どういう受け答えをすればよいのか、どんな知識を持っていればよいのかといったことが重要で、ソーシャルロボットの開発者は、そういった面に興味を持っている人が多いようです。

鳥海　そうなると、単に対話、会話をするだけの機械ではなくて、もっと幅広く人の生活にかかわってくるロボットということになりますね。

東中　そうですね。ソーシャライジング一般というところでしょうか。

2001年くらいに行われた研究で、不動産システムというものがあります。不動産業の人は、いきなり何千万円のものを「買いますか」とは言わないで、十分に話し合いをして、関係性を築いたうえで、この日のこの天気ならいけると、「こんな物件があるのですが」と切り出す。どうしたらそういうことができるのかということについては、そのころから研究がされているのですが、家庭内にソーシャルロボットが入ってくる場合は、そういった研究が重視されることになると思います。

対話処理、言語系の研究者はそうした研究はあまりしていなかったのですが、最近はロボットをつくるために、そういった研究を取り入れるようになってきました。社会的な関係性が考慮されていないと、会話がちぐはぐなものになって、違和感が出てしまいますので。

ジェミノイドとマツコロイド

日本におけるアンドロイドの第一人者といえば、大阪大学でロボット工学を研究している石黒浩教授である。東中氏は石黒教授のつくった、ジェミノイド（石黒教授そっくりの分身アンドロイド）や、タレントのマツコ・デラックスさんに似せたマツコロイドの開発にも参加している。

東中　石黒先生にはいろいろとお世話になっております。マツコロイドも石黒先生が監修をされていて、私は、そこに雑談機能を組み込む形で参加しました。テレビ局の方から、マツコロイドというアンドロイドがあって、ＡＩで会話機能を搭載するとどうなるか試したいと、２０１５年の春ころに打診があり、番組収録は8月末という大変なスケジュールでの参加でした（笑）。

当初は番組担当者から、実験番組なので精度はあまり高くなくてもよい、最低限の応答ができればよい、一定の「テレビクオリティ」に達していればよいということを言われていました。それがどういったクオリティかは業界関係者ではないのでちょっとわかりませんでしたが（笑）。正直、初期段階ではかなり「テレビクオリティ」から遠かったと思います（笑）。

これも業界用語だと思うのですが、「お見事感」を出してくださいとも言われました。誰かが「お見事」と合いの手を入れたくなるような出来栄えというところなのでしょうが、その「お見事感」のために数か月ほどチューニングしたり、新しいリソースを追加したのですが、テレビでは、まだまだなところがしっかりと出てしまいました（笑）。

鳥海　私も番組を見ましたが、ハラハラしていました（笑）。

東中　大変だったのは、システムもそうですが、音声認識とか集音のバランスでした。マツコロイドが話をするとき、自分の声をマイクが拾ってしまうと、そこでループしてしまうので、話者だけの声を拾うことが必要になります。そこは、NTTのインテリジェントマイクを使いつつ、音声認識もある程度の精度が必要なのでチューニングをして。日本人が日本語を話した場合はだいたい八割から九割を認識できるものを使い、統合システムをつくって、動きを生成するシステムと合わせる。正直、なかなか大変な作業でした。

練習する時間も取れず、芸能人の方は、声がとても通るので、最初は音圧がなかなか合わせられなくて。番組的には面白くなったようですが、いろいろと課題の残る経験でした。

石黒先生そっくりなジェミノイドは、アメリカのイベント、サウス・バイ・サウスウエストで、英語版の雑談システムで会話をするというデモを披露しましたが、マルチモーダルな情報処理の必要性を強く感じました。

人間にとってはとても簡単なことなのですが、相手が話をしているとき、タイミングよく相づちを打つというのがなかなか難しい。マツコロイドでは相づちは打たなかったのですが、ジェミノイドでは、会話を聞きながら「ウンウン」とうなずく機能を追加したり、相手の方を見るとか、人間らしさを追加したりしました。

鳥海　人との会話でも、相づちがなかったり、反応がなかったりすると会話はしづらいですからね。

東中　その点、ジェミノイドのようにそれらしい風貌をしていると、多少反応が遅くとも深く考えているように思ってくれたり、多少おかしなことを言っても会話が成立しているように感じてもらえたりする

（笑）。これは、見た目が大きく影響しているのだと思います。テキストにして文字で読むと違和感のある会話でも、ジェミノイドと接して会話をしているときには、違和感がかなり軽減します。

ツイッターから言葉を拾ってきたりすると、突然脈絡もなく「にゃあ」と言ったりするのですが、そこに何らかの意味があるように思えてしまうので不思議です（笑）。真顔で「にゃあ」と言っているけど、猫を飼いたいということだろうかとか。

ユーザーの考えに、見た目がかなり影響するというのは想像以上でしたが、ロボットをヒト型にする意味は、そういうところにもあるのかなと思えました。

鳥海　ロボットを人に近づけると、人間そっくりと認識する直前に非人間的に感じるという「不気味の谷」とよばれる現象がよく知られています。私なんかはジェミノイドは不気味の谷のどん底じゃないかと思ってしまうのですが……。

東中　最近は不気味さを感じません。

鳥海　慣れたということでは（笑）。

東中　会話がうまくつながったときは、一瞬ですが、本当に生きているのではと錯覚しそうになります。そのレベルには精度が向上しています。

鳥海　動画などで第三者的に見るのと、実際に目の前で動いているのを主体的に見るのでは印象が違うのですね。

難解な複数人での会話

鳥海　複数の会話、多人数での会話についてはどうでしょうか。

東中　多人数での会話も研究していますが、課題は多く、これはこれで大変です。NTTが開発しているインテリジェントマイクは、現状で六人までの音声を聞き分けることができ、聖徳太子システムとよんでいます。こういったものをディスカッションに応用していくということは、今後の応用課題です。

話者が複数人になると、そこに社会性が生まれます。顔の向きから誰に問いかけているのかを判定するなど、AIが判断すべきことが多岐にわたるので、実現は少し先になりそうです。

最近、マルチモーダルの専門家が私たちのグループに入ったのですが、彼は、次に誰が話を始めようとしているのかを推定する技術を研究しています。これをＡＩに搭載できると面白いなと思っています。

多人数の会話だと、人はみんなが同時に話すということをしないで、顔色や雰囲気をうかがって、話をする順番を暗黙のうちに調整します。人の場合、息を吸うタイミングがキーポイントになるのですが、センサーをベルトにつけて呼吸を読み取ったり、口の動きや喉の動きを見たりして、タイミングよく話すということも研究していますが、これも難しい（笑）。

鳥海　人間はそれらを平気でやっているのですから、脳というのは、本当に優れたシステムですね。

東中　極端な話をすれば、人は喧嘩をしていても対話を成立させていますので、そのあたりはプロトコルで守られているのでしょうが、これはいまのＡＩではまだ難しい。

鳥海　そのあたりは、しばらくは作り込みの世界ですね。

東中　そういったことを、どうにかしてプラットフォーム化したいと考えています。できれば、発話の内容を決めるといった高次な処理とは別に、対話の基本的な動作などは、下位のレイヤーで見てほしいなと。適切な相づちを打つとか、適切な振る舞いをするといった下位レイヤーの動作は、反射的に決まっている部分も多いと思います。

鳥海　私が対話エージェントを研究していたときは、やはり見た目にもわかりやすいかなり上位のレイヤーのことでした。が、いざ始めてみると、いかに自分たちが使っている下位のレイヤーの技術がまだまだだったかわかる（笑）。音声は認識失敗するし、音声合成システムもロボットも動きがイマイチで。上位のレイヤーの研究以前の問題で、結局やりたい部分はほとんど何も進みませんでした（笑）。

まだまだ？　頑張っている？　ペッパーくん

鳥海　ソーシャルロボットの先駆けとまでよべるかどうかは別として、ロボットとして実際にビジネスになっているペッパーくんはどうですか？

東中　ソフトバンクショップに出たときに、私もすぐに見に行きましたが、どれだけ作り込みをしているかの勝負になってしまっているので、もう一つブレークスルーがないと、ソーシャルロボットとよばれるものにするのは難しいのかなと、そんな印象を受けました。とはいえ、マルチモーダルなセンシングデバイスがいろいろと実装されているのは、研究者としては面白いなと見ています。

一度ですが、羽田空港駅で、ペッパーくんが酔っ払いに絡まれているのを見たことがありました。とても未来的な光景だなあと（笑）。そういった、特殊事例も含めて、データが蓄積されていくと、今後につながるだろうなと思います。何より、かなりのトップダウンでないと難しいと思いますが、リリースしたということがとにかく素晴らしいと思います。

対話システムと倫理

2016年に米国マイクロソフト社のおしゃべりボットTａｙが公開され、ツイッター上で差別的発言をするようになってしまい、わずか二日でアカウントが停止されるという事例があった。「人工知能が学習をして差別的発言をするようになった」とセンセーショナルに報道され、人工知能の持つべき倫理についてまで議論が発展するような事態になった。

対話システムが社会に進出するためには何が必要となるのだろうか。

東中　先日、対話システムの倫理について原稿を書いたのですが、あまり話題になっていないようで、少し残念です（笑）。

対話システムの倫理については、東中竜一郎「対話システムと倫理」人工知能 Vol. 31 No. 5 pp. 626–627 (2016) をぜひお読みいただきたい。

東中　対話システムは、将来的には個人情報の塊を扱うようになりますので、そういった情報をデベロッパーはどの範囲まで使ってよいのかとか、人を傷つける発言をどこまで許すのかといったことは、ガイドラインをつくっておかないといけないだろうなという印象を持っています。

鳥海　Ｔａｙの事件についてはどうお考えですか？

東中　Ｔａｙにはユーザーの発言を学習する機能があるのですが、悪質なユーザーに、意図的に悪い言葉を反復学習させせられてしまった結果、好ましくない発言をするようになってしまったようですね。

対話システムの開発者としては、ユーザーと話をしているうちに、どんどん賢くなるというのは一つの夢で、ログから学習するというシステムは、ほかにも実装されているものはあります。ですが、Ｔａｙの場合は、公開後すぐに悪意あるユーザーにそこを突かれてしまい、その結果よからぬ発言をするようになってしまったということです。

鳥海　一部の人たちは、ＡＩが悪意を持って人類に反逆する可能性があることを示したと大げさに騒いでいました。本来はそういうレベルの話ではないのですが、変に誤解されてしまった。

東中　対話システムに限らず、そうした悪意あるユーザーというものはつねに存在します。銃を搭載したドローンなどもありましたが、結局はユーザーの倫理観の問題です。何が正しいかということは確定的なことではないので、そういった意味では難しい問題だと思います。

最初からある程度の制約を入れておくべきだったという意見も出たようですが、それがはたして正しいのかは、私にもわかりません。

最近はヘイトスピーチに関する研究も増えていて、言語処理においてもヘイトスピーチ分類といったことも始まっていますので、近い将来、最低限使わないほうがよい言葉などは決められるかもしれません。ですが、制限ばかりだと弊害が出る可能性はあるので、やはり難しいとしかいえないですね。

差別的な言葉でも、地域によってはまったく悪意のない言葉として使っていたりしますし、そういった場合は、表現をいたずらに制限してしまうことになってしまいます。文脈の中で判断するというのも、現状では機械的に処理できるものでもありませんので、今後の課題の一つだと思います。

鳥海　開発者側の倫理ということもあるのでしょうが、ルール化には慎重さが必要ですね。

東中　私たちは不適切発話とよんでいますが、そういう発話を検知する研究も進めています。

地震や台風など、天変地異に対して、ポジティブな発言をしてしまうと、大きな問題になってしまいます。子どもが、「台風が来るとワクワクする」と言ったとしてもギリギリ問題にはなりませんが、社会人が「大地震ていいよね」などといった発言をすると、これは大問題になってしまいます。それが政治家であれば、責任問題にまで発展してしまうでしょう。

同じように、AIがそういった言葉をウェブから採取してきて、「大地震ていいよね」と発言してしまえば、「それは会社の方針か?」といったクレームが来るでしょうし、問題になってしまいます。人間も、間違った情報を書いているサイトから間違った知識を得てしまい、それを別のところで話してしまうというケースはありますが、同様の問題をAIも抱えていて、そういったことへの対策は急務と思っています。

現在のAIには、善悪を判断する能力、道徳観念はありませんので、そういったことを判断することができないというのはネックです。それが端的に表れてしまったのが、Tayの事件だったのでしょう。

対話エージェントは、現段階では強いAIではありませんし、価値観のようなものは持っていません。

鳥海 将来的には、規制、ルールのようなものを実装して対応することになるのでしょうか。

東中 そうですね、発話の内容について、ネガティブなものがあるかどうか、評価関数のようなものを設定して、一定レベル以上のネガティブ発言はさせないようにするといったことは可能です。ですが、ネガティブ表現に対しての指針を入れるということは、設計者の思想をそこに入れる、キャラクターづくりをするということにつながってしまいます。

そうなると、発話内容はAIの意思というよりも、設計者の意思で調整されているものになってしまいます。AIが自律して思考し、AIの判断や意思で会話をしない限り、対話感は出ないと思います。

ＡＩが自律して思考し、話をするとき

現在の対話システムは、さまざまな技術を駆使して発話を行う一種の応答システムといえるだろう。強いＡＩによる対話、すなわちＡＩ自身が自律して思考し、会話を行うようになる日は来るのだろうか。対話システムの視点から強いＡＩについて聞いてみたい。

東中　対話エージェントの研究や開発が進んだその先で、「こいつ、本当に考えている」と感じられるときが来るのかといったことは考えますが、近いうちということはないでしょう。どうすればＡＩが自分で思考して会話をするようになるのかつねに考えているのですが、そこは、外界とのフィードバックをもっと取り入れないとできないと思っています。

鳥海　そうなると、もう一歩先の、本当の意識を持たせる、強いＡＩをつくる、ということになってしまいそうですね。

アメリカのＳＦ映画『her/世界でひとつの彼女』では、対話エージェントとユーザーの恋愛が描かれていました。その中で、ＡＩが意識や感情を持っているのですが、そこに到達するためには、何が足りなくて、何が必要とお考えですか？

東中　中国で女性キャラのＡＩ「小冰（シャオアイス）」が人気になり、これに恋をする若者について報道されていました。人がそういったものに対して、まるで人格があるかのように思い込むこと、錯覚する

ことはあると思いますが、突き詰めた会話はしていない、できないと思いますし、まだまだ勘違いのレベルです。

『her』のサマンサは、SF作品の中の設定として、しっかりと会話ができますし、議論も、考えを述べることもできます。そこまでの機能は、現在のチャットボットにはまだありません。

サマンサにたどり着くためには、そういったことを実現するための構成論的方法が必要なのでしょうが、何をどうすればよいのか、まったくわかりません（笑）。実際に動かし、使って、膨大な量の対話データを収集し、それをフィードバックしていけば、多少は真理に近づくのではないでしょうか。そういった意味で、ペッパーくんは実際に使ってデータを積み重ねていますので、素晴らしいことだと思います。テキストデータは、ウェブ上にたくさんありますが、それだけではなく実際のインタラクションが大切ですから。

アマゾンやアップルなどは膨大な量のデータを持っているのでしょうが、それを公開することはないでしょう。画像であれば、ウェブでほぼ無限に近いレベルで拾えますが、人と人の対話データは本当に限られていて、使える対話データというのは希少です。

鳥海　本来なら、会話データであればＮＴＴさんにはいくらでもあるし、収集もやろうと思えばできるのでしょうけど（笑）。

東中　そういったものを公開したり利用したりしたら、大問題になってしまいます（笑）。そういうところは、日本の企業は厳格にルールを守っているので、使える対話データは本当に少ない。それが一つのネックになっています。

鳥海　現状の対話エージェントの開発からは、強いＡＩに直接結び付くような話には、当分ならないということでしょうか。

東中　インプット、アウトプットで、それらしくというのは可能でしょう。たとえば、「ユージーン（Eugene）」というＡＩは、チューリングテストで審査員の33パーセントに「人間」と判定されて合格したと報道されていますが、それで本当に対話ができているのかという疑問です。

チューリングテストとは、ある機械が知的かどうか（人工知能であるかどうか）を判定するためのテストである。被験者に人間であるか機械であるかを隠して機械と対話をさせて、被験者が機械を人間だと判断すればその機械は知的であるといえる。アラン・チューリングが１９５０年の論文Computing Machinery and Intelligenceで提案した。

東中　ユージーンは四、五分ほど対話が成立したということのようですが、三割で合格というのはどうかと思います。チューリングが三割と言ってしまったので、それが基準になっているのですが（笑）。33パーセントというのは頑張ったとは思いますが、さらに精度が上がったとしても、それが本当に強いＡＩかというと、それはまったく質の違うものです。

ローブナー賞（人工知能としてもっとも人間に近いと判定された会話ボットに対して毎年授与される賞）だと会話する時間は25分になりますので、さらに厳しくなります。人間であれば、会話を25分つなぐというのはできないことではありません。子どもでもそれは可能ですので、知識量の問題ではなく、根本的な問題、汎用的な何かがそこにはあるのでしょう。しかし、それが何か、どうすれば再現できるかはわからない。

鳥海　そうなると、単なる対話ではなく、人格的なものも必要ということになりそうですね。たとえば、議論をするとなると単なる対話ではなく、知識を総動員して、相手の感情の動きなども推測しつつ、同時に自分の言いたいことを主張する。雑談などのときには、主張したいことが何もないときもある（笑）。

東中　何が人間らしいのかと、そういうことを突き詰めていかないといけないと思いますので、先は長そうです。何万年もかけて人が進化してきた、その過程で手に入れた能力だと思いますので、それはすぐに再現できるものではないでしょう。

それは、本能に近い部分で仲間になりたいといった感覚や、群れや社会を構成するために折り合いをつけたり、コミュニティ全体の調和と利益を求めたりといったものですので、そういったものは、数式に落とし込むことはなかなかできません。

類人猿からの、進化の過程を再現するということに近いのかもしれません。そう考えると、ハードルはとても高いですね。

鳥海　人工知能という一種族をつくるようなものですね。

東中　最終的には、ロボットが自分のことを理解し、さらには相手のことを理解して会話をする。そしてそれは、全体の調和と利益に資するものであるというところを目指しています。

多分、対話の能力だけを切り出すということはできないと思っています。単に、質問に答えるだけの便利さを求めるのであればそこまでは必要ないのでしょうが、日々の生活を共にする、人のパートナーとしてのソーシャルロボットを考えると、対話の能力だけではなく、もっと人間の背後にある社会とか文化、そういったものも含めて考えないといけなくなってしまう。

鳥海 テキストだけでもなく、音声の入力と出力だけでもないということですね。バックグラウンドには膨大なデータベースも必要であると。結局、汎用人工知能を目指しているということになりそうですね。

東中 一足飛びに汎用人工知能をというのは不可能だと思っています。まずは対話というものは何かということについて、一つひとつ地道に研究していくしかないのでしょう。それが結局は一番の近道だと信じて（笑）。

対話システム研究の最前線にいる東中氏の話から、私たちが日常的に行っている対話を実現することの難しさがよくわかる。現在チャットボットが流行しているものの、その中身は決して人間のように考えているわけではない。

オープンドメインな雑談、モーダルセンシング、複数人での対話など解決すべき課題は多い。さらに、一歩進んだ対話エージェントを実現した際には、社会との調和を考える必要もあり、単に対話をすればよいというものでもない。

やはり、人間が長い年月をかけて手に入れた対話という生物界においても特異な能力を人工知能に実装することは、そう容易ではないのかもしれない。

「対話しているように見える技術」と「真の意味で人間のように対話をしている技術」の差は、まさに弱いＡＩと強いＡＩの差といえるかもしれない。

人工知能が将棋を指したいと思う日

話し手・羽生善治（はぶ・よしはる）　日本将棋連盟所属。三冠（王位・王座・棋聖、本書執筆時）。1996年に史上初の七タイトル独占を達成。

弱いＡＩの能力を表す一つの指標としてよく引き合いに出される将棋ＡＩ。世界でもっとも将棋を知り抜いているであろう羽生三冠はどのように感じているのだろうか。羽生三冠は将棋棋士であるだけではない。コンピューター将棋を研究している松原氏をはじめとするＡＩ研究者とも親しく、ＮＨＫの番組で人工知能について取材するなど、人工知能にも造詣が深い。研究者ではない方に強いＡＩと弱いＡＩについてお話を伺うとしたらこの方しかいないであろう。

鳥海　2016年に、ＮＨＫスペシャル『人工知能――天使か悪魔か』のリポーターを羽生先生がされていて、人工知能についてとても深く理解されているように感じました。その続編ともいうべき『人工知能――天使か悪魔か2017』も拝見しましたが、取材を通して、人工知能に対してどんな印象を抱かれましたか？

羽生　ＮＨＫさんからたくさんの資料をドサッといただき、それを読むのが大変でした（笑）。番組では紹介できなかった内容もたくさんありました。ＡＩの世界については、次から次へと新しいトピック、ニュースが生まれていますので、激動期にある分野だなと実感します。

囲碁・将棋を襲うAIの波

将棋を指すAIをつくろうという試みは古くから続けられており、2013年にはプロ棋士がコンピューターに敗れ、2015年にはすでにAIが人間を超えたとして、コンピューター将棋プロジェクトの終了宣言がなされている。一方で、近年ではプロ棋士も将棋の研究のためにAIを積極的に利用しているという。

鳥海　やはり将棋の世界にも、ＡＩの影響はありますか。

羽生　近年、将棋のＡＩが格段に強くなり、ついにプロ棋士よりも強いレベルに達していますが、20年近く前の段階で、松原仁先生から将棋ソフトは、ハードの進歩だけでも人よりも強くなるというお話を伺っていましたので、ＡＩが強くなっていくというのは当然だと思っていました。ですので、棋士にＡＩが勝ったということに対しては、ショックのようなものは受けませんでした。

チェスや囲碁のＡＩと将棋のＡＩとでは、これまでの進歩の仕方に大きな違いがあったように感じています。チェスや囲碁は、ハードの進歩やデータの力といったものに頼る部分が大きいのに対して、将棋はそれらだけではなく、どちらかというとソフトウェアの改善によって進歩してきた、強くなったということが、流れとしてあったと思っています。

鳥海 棋士の方が、AIとどうつきあっていくかについては、どのようにお考えでしょうか。

羽生 将棋のAIは棋士よりも強くなりました。が、それで棋士の価値、存在意義が減じたとは、私はまったく思っていませんし、実際、ファンの方々もむしろ増えているように感じています。その点は少し心配していた時期もあっただけに、安心です（笑）。

AIは、ツールとしてはとても便利なもので、これをまったく無視するということは意味がありませんし、反対に、頼り切ってしまうのも危険かなと思っています。

人間の発想や思考には、どこか盲点のようなものがあります。将棋においても、先入観に左右された結果、まったく考えないような手というものがあるのですが、AIは先入観にとらわれることなく、さまざまなパターンや手筋を考えますので、そういったものを人が学ぶということは、とても意味があると思います。

電王戦で佐藤天彦名人と戦った将棋ソフトのポナンザ（Ponanza）は、第一手で3八金と、飛車の横に金を置きました。これは、これまでほとんどの棋士が指すことのない一手でしたが、ポナンザは躊躇なくこの一手を指しています。飛車の動きを限定し、玉の守りを薄くするこの一手は、人であれば一顧だにしない指し手ですが、これにはとても驚きました。

しかし、人が指さないからといって、その手に価値がないわけではありません。人は先入観によって、この手を検討してこなかっただけで、実際はとてもよい手である可能性はある。そういった、盲点になっていて人が見落としてしまっている手筋などを、どうやって棋士が学ぶか、学習するかということは、今後大切になってくると思います。これは、将棋だけの話ではなくて、あらゆることにおいて、そういったことはあると思っています。同時に、ＡＩが選択した手だからと、それが絶対に価値のあるものだとは限らないという視点も大切です。

また、ＡＩが学習した結果として指している手にどれだけ創造性があるのか、プログラマーの方にもわからないという状態になっています。そのあたりは、私たち棋士が理解し、説明しないといけないと思っていますが、私たち棋士には、プログラムの内容とか中身まではわからない。このあたりをもう少し詰めていくことで、将棋の技術を高めていくという方法を模索しているところです。

鳥海　お互いの得意分野で補完し合うわけですね。将棋ソフトとの新しい関係ができてきそうですね。

羽生　実は、将棋ソフトというのは強くなりすぎて、ユーザーにとっては買っても面白くないので、10年ほど前からビジネスとしてはすでに成立しなくなっています。マーケットとして成立していないことで、権利を守る意味が希薄になっているため、新しいプログラムが、どんどんGitHub（ソフトウェア開発プロジェクトのための共有ウェブサービス）に載せられて公開され、ものすごいスピードで改良が進んでいます。

この、どんどん強くなるソフトを、どう取り入れていくのか、そこから将棋の技術をどう吸収するのかが課題になっているのですが、なかなか捉えどころがなくて、難しいというのが実情です。

私の修行時代は、大山康晴先生や、中原誠先生といった、当時のトップ棋士、実績を残された棋士の棋譜を並べていって、並べている中で、将棋の法則性のようなものや考え方、こういうのはよくない手であるとか、こういうときはこういう考え方で指すといった、一貫したエッセンスのようなものを学ぼうとしていた気がします。そして、そういったものが、そこには濃密に詰まっていると信じています。

ＡＩの場合は、時系列がなく、棋譜も大量にあって、どこから取り掛かってよいか、途方に暮れてしまう（笑）。ＡＩの指し手についてどうやって学んでいくか、それをどのように取り込んでいくかは未知数で、方法論がわかっていないというところでしょうか。

将棋は伝統的な存在ではありますが、一方で、テクノロジーを取り入れてきた歴史もあります。ＡＩで学ぶことが有効なものであれば、それを取り入れるということも当たり前になるでしょう。ただ、ＡＩでの研究や練習を、どのくらいの比率とするのか、どのようにするのかは、個々の判断によるのでしょうが。

ＡＩの思考とプロ棋士の思考

鳥海　ＡＩの読みというのは、どのようなものなのでしょうか。人間だとストーリー性のようなものがあって、思考の積み重ねを重視しているのではないかという面がありますが、ＡＩにはそういったものはなく、断片的というか、局面で独立して存在している感じがします。

羽生　これまでは、データの量と読むスピード、深さだったので、質的なものはあまり感じられなかったのですが、囲碁のアルファ碁あたりは読みの量は減らして、質を高めている感はあります。

以前のソフトは、どれだけたくさん読めるかが勝負でした。人間の場合は、実はそうではなくて、たくさん読むというよりも、無駄な思考を減らすことが、強くなるということなのです。

一つの局面で三つの手を考えるよりも、一つの正しい手だけが見えたほうがよいわけです。その手だけ読めばよいわけですから。そこをいかに磨くかという作業が、強くなることにつながる。

鳥海 私はどちらかといえばＡＩをつくる側ですから、むしろ、羽生先生が三つの手の中から正しい一つの手を選ぶという、そのプロセスの方が謎なのですが（笑）。その、棋士の方の直観のようなものは、言語化できるものなのでしょうか？

羽生 スポーツの世界でゾーンとよばれるものがありますが、ゾーンのときというのは時間の観念も記憶も薄いので、言葉で説明するのは難しい。将棋も同様で、本当に考えているときは言語化することはできないと思います。そのちょっと前、深く考えているときではない状態の考えであれば、ある程度は言葉で説明できると思います。

鳥海 ゾーンに入っているときは記憶がないということですが、それは順番通りのプロセスがないということですね。

羽生 おそらくですが、時間の観念がなくなっているということが、記憶がないということにつながっているのだと思います。記憶というのは、時系列で整理するといったものですので。

鳥海 そこでの思考は、日常での思考プロセスとは、まったく違ったものということになるのでしょうか。

羽生 あるところが、機械的というかオートマチックに動いているので、集中すべきことに集中できるということではないでしょうか。過酷なトレーニングをすることによって、簡単なところをオートマチックに、反射的に処理してしまい、重要なことにのみ、思考する能力を集中するということだと思います。

鳥海　私も論文を書いているとき、たまにゾーンに入っているというようなときがあるのですが、そういうときは、同時に平行して異なる思考をしていますし、日常的な感覚の思考とは、まったく別の思考プロセスになっていて、後で思い返しても、「あのとき、どうしてあんな考えが浮かんだのかな」と思うときがあります。

人の思考とAIの思考の類似

羽生　そういうときは、答えが先にわかって、後でつじつまを合わせていくというプロセスなので、答えがわかったときは、そこに行き着く理屈や考えは、意識にはありません。

　最近の囲碁や将棋のソフトは、数十手先を深読みさせた評価値と、現在や直近の一手の評価値を一致させるように学習しているのですが、それは先ほどのゾーンに入ったときの思考の構造と、似ているように感じられます。人間にはそういう瞬間はとてもわずかですが、コンピューターはそれを何回でも何千回でもできてしまう（笑）。

　そう考えると、少なくとも将棋や囲碁のＡＩは、人間の思考に近づいているのではないかとも思えます。ただし、根本的な大きな発想とか、ひらめきのようなものは、プログラムするのは大変だろうと思いますし、それは、いまのＡＩにはまだないものだと思います。

鳥海　その一手が正しいかどうか、有効なものかどうかというのは、その手を指した後の、盤面の変化を読んでいって確認するのですか？

羽生　これがとても感覚的なもので、たとえばテニスをしているとして、ラケットでボールを打った瞬間、うまく返せたか、強かったか、弱かったかが手応えでわかりますが、それと同じで、その手が意識された瞬間、好手なのか、そうでもないのか、悪手なのかは感覚でわかります。その感覚が、評価値のようなものなのでしょう。そして、それがよい手だという感覚があれば、後追いでその手について読んで、その手を指すわけです。人間は、いろいろなところでそういったことを無意識でやっているのだと思います。

鳥海　アルファ碁も、深層学習で膨大な情報を得て、この形はよい形だとか、そういう判断を評価値で出して、その後で深読みしてそれが好手だと判断していると考えると、それに似ていますね。

羽生　実は、『人工知能――天使か悪魔か』の取材時に、少しだけアルファ碁と囲碁を打ちまして。途中まで、数十手ほど打った印象ですが、アルファ碁はそれほどトリッキーな手は打たない、オーソドックスなものに感じました。もちろん、私は囲碁はそれほど強くはありませんので、人間のトッププロと打てば違うのでしょうが。

私は、ものすごく強い囲碁ソフトができたとしたら、それはとても地に辛い、つまり陣地を先に取って、それを最後まで守って勝つというもの、そういうタイプだと思っていました。同様に、チェスであれば、駒を得したら、その差を守り切って勝つという形のものだと。

ですが、アルファ碁は全然違っていて、地に辛いというよりも、むしろ厚みを重視するスタイルに感じました。ここからは想像になってしまいますが、地合い（目の前の実利）と、厚み（長期的な戦略）の両面で判断させているとして、重みづけとしては長期的な戦略のほうをより重視するような、そんな設定にしてバランスを取っているのかなと、そういう印象を持っています。地合いを優先して短期的な利益を優先してしまうと、局所解のようなものに陥ってしまうので、そうならないように、長期戦略を優先する方向に斥力を強くかけるようにつくっているのかなと。

開発者のひとり、デイビッド・シルバーさんと話をしたことがあるのですが、シルバーさんは囲碁にそれほどの造詣があるわけではないようなので、おそらくは、さまざまなゲームの知見から得られた考えを、囲碁にもあてはめているのだろうと思います。

将棋や囲碁のAIは意思を持つのか？

鳥海　松原仁先生と、アルファ碁について話をした際に、松原先生は、アルファ碁が強いAIだといわれたときそれを完全に否定するのは難しいと、そんなことをおっしゃっていました（この話は、松原氏へのインタビューで確認していただきたい）。

つまり、そういう大局観のようなもの、厚みとか長期的戦略を考慮して思考するというのは、それはもはや、ある種の意識を持っていると、そう考えられるのではないかと。

羽生　アルファ碁の囲碁の強さは、日々積み重ねられているという話で、2016年3月から比較すると、2016年10月ぐらいで二子か三子強くなっているという話を聞いて、「そんな馬鹿な」と思っていたのですが、それが現実だったことを知って、驚愕しました。

その先に、意識というものがあるのかどうかという思考は、とても面白いテーマだと思います。
AIは、人間とは異なる方法で思考をしている。しかし、さきほどの話から似ている部分もあるようにも感じられる。思考そのものが根本は違うとしても、その結果や構造が似てきていると考えたとき、そこに意思や意識のようなものが感じ取れるのだろうか。

鳥海　将棋の世界での頂点に立つ羽生先生にお伺いしたかったのですが、将棋のＡＩに意思のようなものを感じることがあったりするのでしょうか。

羽生　ある若手棋士がいて、彼は将棋の研究をほぼ将棋のソフトのみでやっているのですが、彼がすごいのは、ある局面においてソフトが出すだろう評価関数を、ほぼ当てることができるんです。これだとプラス２５０くらいで、こっちだとマイナス１００だとか。パラメーターを全部覚えることは不可能ですし、彼がプログラムの構造を完全に認識しているということもあり得ない。ですが、かなり近い数字で評価関数を出せてしまう。

ソフトに意思があるかどうかとは微妙に違うのですが、少なくとも、人がソフトを使って学習していくことで、ソフトの思考に近いものに到達することは可能なのだろうということを、この事例は示しているのかもしれません。少なくとも、そのソフトについてであれば、思考のプロセスが同じかどうかは別にして、人がソフトと同じような判断をすることは可能であると考えられるわけです。

ウェブ広告なども、人の嗜好に合わせたものが画面上に現れますが、そうしたことで、ＡＩの考え方に人が影響を受けるということもあり得るでしょう。将棋ソフトで勉強を続ければ、同じように指し手も影響を受け、判断の癖も似てくる可能性はあります。

ＡＩは人の思考を学習していますので、人の思考に近い挙動、反応をしてもおかしくはない。人も、ＡＩに影響を受けるので、両者が近づくということは、十分にあり得るでしょう。そこに共通性を見出して、ＡＩに意識があると感じるということはあるとは思います。ですが、それは本質的には違うものと思いますし、完全に合致するということもあり得ません。

いまの段階のＡＩであれば、たとえば将棋の対局中に、ＡＩに意識があるような感覚を持ったとしても、それはやはり意識とは違うものだろうということです。

ＡＩと人の違いは生物としての本能

鳥海　では、ＡＩの思考と、人の意識ある思考との差は、どのような点だと思いますか？

羽生　感情のようなものは、恐怖心とか生存本能といったものに色濃く関連したものだろうと思っています。

将棋の手というものを考えたとき、どうしてこの一手を指せないのか、考えないのかという理由は、恐怖心や生存本能に基づいた判断であるケースがとても多い。この手は危ない、すぐに詰まされそうだと感じた手は、その手は最初から考えることすらしませんし、候補にすら意識が上げてこない。

日常生活においても、恐怖心というのは、行動するうえで重要な指針になっていると思います。恐怖心がまったくなければ、ＡＩのように指せるのだろうと思いますが、日常生活で恐怖心がなくなると、信号を無視したり、危険な行為をして、かなり支障をきたしますね（笑）。

この恐怖心を持つかどうかというあたりが、人とＡＩの、一つの境目ではないかと思います。人が思考をするとき、何かを選んだり判断するときには、つねにこの生存本能や恐怖心というものが影響しているはずですから。

武道などでは、平常心とか、無になるといった精神性を大切にしていますが、それは、この生存本能や恐怖心に打ち克つことが、高いパフォーマンスを発揮することにつながるからでしょう。

鳥海　将棋の場合も、武道のように恐怖心を抑えて指すものなのですか？

羽生　将棋の場合は簡単に詰まされてしまいますので、危機を察知する能力はとても大切になります。また、将棋で詰んだとしても、体が傷つくわけでも、死んでしまうわけでもありませんので、思い入れがなければ平気だと思いますが、それだと詰まないようにしようという意識にもならず、うまくもなりません。また、それでは将棋も面白くはないでしょう。

負ける、詰むということは、一回ずつ、一つの世界が終わってしまうようなものなので、それを恐怖するというのは、将棋においては必然でもあります。それが入れられれば、そのときに、強いＡＩになるということではないでしょうか。

鳥海　確かに、そういう恐怖心のようなものは、いまのＡＩにはないものですね。ＡＩとの対局で、人間らしさのようなものも感じるのではと思っての質問だったのですが、生存本能のようなものがないので、人間らしくないと感じるということですね。

羽生　はい。そういう場面は、多々あります。終盤などでは、ＡＩはすべてを読み切ってしまいますが、人はそこまで読み切れませんので、感覚的な判断に頼ることが多々あります。そこではやはり、追い込まれそうだとか、危なそうだから避ける、形が悪いからということで選択しない手がありますが、ＡＩにはそういうところがありませんので、人では気づかないような手を指すことがあります。

鳥海　本当はそれが正解であるという手筋も、人には生存本能があるために、その手を考慮しない、選択しないわけですね。ＡＩはそこに躊躇なく踏み込んでいく。

羽生　常識を打ち破るということも、それに近いかもしれませんね。将棋以外の仕事などでも行き詰まったときに、別の分野の思考や観点を取り入れることで問題が解決したり、大きな成果を得るということがあります。将棋における恐怖心は、将棋の価値観、常識のようなものですから、それとは違うＡＩの「恐怖心のない」思考は、新しい切り口ということになります。

「そんな馬鹿な」という手をＡＩが選択するときがあるのですが、実際、それが有効な手だったりします。恐怖心のある見方と、恐怖心のない見方では、違ったものを見ているのかもしれません。そして、恐怖心がないＡＩの手は、きわめて楽観的であるように感じるときがあります。まるで、痛みを感じないゾンビのような。

ＡＩには接待ゴルフはできない

羽生　結局、ＡＩは時系列で考えているわけではありませんので、人間的なものとは隔たりが大きいように感じます。人間が物事を理解する場合は、一貫性とか、時系列による部分が大きいので、理解することは難しいと思います。

もと棋士だった北陸先端科学技術大学の飯田弘之先生が、接待する将棋ＡＩの研究をされていまして、二年ほど前に研究室に行って話を伺ったのですが、接待将棋のプログラムは、とても難しいとおっしゃっていました。強さを調整して、人に負けるようにすることは簡単にできるのですが、これをどう調整しても、あからさますぎてバレバレになってしまうそうです。人であれば、うまく同じ実力のように振る舞って、勝敗が微妙な雰囲気のまま局を進め、最後に相手に勝たせるということができるのですが、ＡＩにはそれが難しい。

企業の方と話をすると、いろんな仕事がＡＩに置き換わってしまって、仕事がなくなりそうで怖いというような心配を聞くことが多いのですが、そういうときには、「接待ゴルフだけは絶対に残りますから」といつも言っています（笑）。

鳥海　そのあたりはリフレクションの問題です。人間は、相手の人間をわかっていて、思考能力や思考パターンが理解できるので、それに合わせて対応することができます。しかし、機械やＡＩの場合は思考の形が異なるので、人間に合わせることができないわけですね。

逆に、いくら羽生先生でも、機械に気持ちよく勝たせるような、機械の接待はできない（笑）。

羽生　それは相当難しいでしょうねえ（笑）。

ＡＩは思考の形が違いますし、そのプロセスがブラックボックスになっていて、人に理解できるものではない。このことは、これから問題になっていくような気がします。これからの時代、ＡＩはどんどん社会に進出することになりますが、そのときに混乱が発生しないように、そのブラックボックスを解明するというか、人間に理解できるものにするという努力は必要なのだろうなと思っています。

AIが社会進出したときの問題

羽生氏は、『人工知能　天使か悪魔か』で、AIの最前線を幅広く取材されている。AIの研究者ではない羽生氏の目には、今後の社会とAIのかかわりについて、どんな未来図が見えているのだろうか。

羽生　これは一つ懸念していることですが、弱いにしろ強いにしろ、ＡＩが進歩して高い能力のものになってくると、多くの人は、高い能力のＡＩはミスをしないものだと思い込んでしまう。それは怖いことだなと思います。

人であれば、ミスはあるだろうという前提で考えますが、ある程度進歩したＡＩについては、間違いを犯さないだろうと、なぜか思い込む傾向がある。

将棋ソフトでいえば、とても強い将棋ソフトがありますが、その強いソフトであっても、ミスをするときはある。当然、あらゆるＡＩに間違いを犯す可能性はあるわけで、そのことは、ＡＩと人がつきあっていくときに忘れてはいけないことだと思います。

ＡＩの進歩、能力の向上は急速ですが、伸びる余地があるということは、裏を返せば完璧ではないということですから。当然、ミスを犯す可能性はつねに残されている。ただし、ＡＩのミスに人が気づけるかどうかは別ですが（笑）。

「これはＡＩが決めたことだから間違いはないはずだ」と、盲目的に信じることはせず、つねに修正できる状況にしておかないといけないなと。

鳥海　ＡＩに関する法律をどうするかといった動きも総務省などにはあるようです。何かが起きた場合に責任の所在はどうなるのかということが話題になるのですが、間違いが発生することを前提とした議論は必要で、官僚の人たちはさすがだなと思っています。現在は弱いＡＩですが、ＡＩの社会進出はすでに始まっていて、今後はさまざまな問題が発生すると思われます。強いＡＩができたときの心配はまだ早いようにも思いますが、すでに話題には上っています（笑）。

羽生　優れたＡＩが登場し、人の生活が便利になり、社会の課題が解決されるということはとても素晴らしいことで、進めてほしいことではあります。ですが、同時に、ＡＩの助けを借りていかに人の能力を伸ばしていくかということも、ＡＩを使うときの価値としては大事なことなのだろうと考えています。

ＡＩによる将棋の研究

鳥海　将棋の棋士も今後はＡＩの助けを借りて能力を伸ばしていくのでしょうか。

羽生　将棋の棋士には、「強くなる方法」として確立したメソッドはいまのところありません。ルールを覚えてから、初段くらいになるまでのメソッドはあります。ですが、そこから本格的に将棋に打ち込んで、さらにプロになろうとしたときに、こういうやり方がよいというものはいまのところなく、個々でそれぞれのやり方で研鑽して強くなるしかないわけです。プロの初段から四段までは、どういった練習や訓練がよいかというのは、本当に人それぞれで、わかっていないのです。

体系立てて、メソッドを使ってそれに基づいたトレーニングをして、そうして強くなるということは、将棋の世界ではこれまで誰もしてこなかった。もしかしたら、これまでの将棋の練習には、すごい無駄があるのかもしれません。スポーツでの、昔のうさぎ跳びのようなものが。

ＡＩを利用することで、もしかしたらそのあたりが洗練されて、無駄なく上達する世代が出てくるのかもしれませんが、それはとても楽しみなことです。

ＡＩでの将棋の研究や練習が、どのような効果を生むのかについては、とても興味を持っています。将棋ソフトの場合、問題があればその答えは提示してくれます。しかし、手筋の途中、プロセスを説明することはありません。問題と答えだけ学習して、人間がどこまで強くなれるのか、そこは知りたいところです。

先生やコーチといった、サポートしてくれる人は、ここはこうだからこうしたほうがよい、これはこうだから間違いだと、説明して教えてくれる。普通の競技は、それを学習することで上達する。しかし、将棋のソフトにそれはなく、問題と答えが大量に与えられて、それで学ぶことが、はたしてできるのだろうかと。これは否定しているわけではなくて、純粋にわからないことなので、本当に興味があるという意味です。藤井聡太四段もソフトを使って学んでいるようですが、これからはそういう世代が増えてくるはずで、数年後、その影響が将棋の世界にどう出るかは興味深いです。

もしかしたら、AIを使った指導方法も確立して、AIが個々の棋士の特性に合わせて、対局を増やせとか、詰め将棋をたくさん解けとか、オリジナルな練習メニューを提示してくれるという可能性もあります。AIが棋士の個人情報を蓄積して、手筋の癖にあった指導をするという時代がやってくるかもしれません。

鳥海　研究の世界と似ていますね。学生時代は教授に指導してもらえますが、研究者の立場になると、自分ですべて判断しなくてはならず、漠然としていて、何を研究するとよい研究になるのか、日々悩んでいます（笑）。

羽生　確かに棋士と似ているかもしれませんね。棋士も、孤独に黙々と将棋の戦い方を研究する日々ですから（笑）。

創造性・人間らしさの獲得への道

羽生　将棋ソフトの進化の歴史を振り返ると、保木邦仁先生の「ボナンザ（Bonanza）」の登場が一つのブレークスルーになっていたと思います。それ以前のソフトは、きわめて人間的な発想、つまり人間が将棋を指すときの思考に近いプログラムを目指すというアプローチでしたが、それではうまくいかないということで、コンピューターの計算能力、力で押し切ろうという方向に転換したのが、ボナンザでした。

保木先生はもともと化学の人で、将棋はほとんど初心者レベルでした。まったく違う世界の知見が、将棋ソフトの開発ではとても役に立っているというのは、面白いですね。「技巧」の出村洋介さんも法学ですし。将棋のプログラムの探索部分は、ストックフィッシュというチェスのプログラムなのですが、AIという共通のプラットフォームには、ほかの世界の知見がどんどん入ってきて、それが有効だということがここからもわかります。

将棋専用のAIは将棋に特化したもので、間違いなく汎用人工知能ではありません。汎用人工知能を考えたとき、たくさんある特化型人工知能から、さまざまな叡智を抽出して取り入れていくことで、汎用性のあるAIが生まれるのではないかと思っていますが、将棋のAIにも、汎用AIに役立つ知見はあるかもしれません。

難しいのは、「創造的」とか「人間らしさ」というものを、AIが本当の意味で手にすることができるかという点です。

鳥海　レンブラントの画風にそっくりな絵を描くＡＩが話題となりましたが、あれはまねているだけで、創造的とはいえないですね。

羽生　将棋であれば、たとえばある棋士の棋風を再現したＡＩが登場すれば、それは「その人らしい」とはいえますが、それがここで求める「人間らしさ」であるかといえば、違うでしょう。

個人的には、江戸末期の棋士である天野宗歩の棋風が再現されたら面白いなと思います（笑）。当時の将棋界では名人位は世襲制で、特定の家の人しか名人にはなれなくて、宗歩は名人になれませんでした。実力は当時では最高でしたが、段位も七段まででした。世上、「実力十三段」とよばれ、後年、棋聖とよばれた人物です。ちなみに、現在の棋聖戦はこれに由来しています。

この天野宗歩や、升田幸三の棋風を再現したＡＩとは指してみたいですし、それぞれの対局を見てみたいとも思いますが、これはあくまでもその人をまねたＡＩでしかないでしょう。ただ私たち人間に、その「創造的」とか「人間らしさ」というものについて、本物の人間のそれと、見分けがつくかというと、それも難しいように思えます。

ものすごく価値のあるワインを飲んでも、その価値を正しく認識できる人はほんの一握りで、ほとんどの人はそれがどんなものか判別できないのと同じで、羽生善治風ＡＩの将棋と、私自身の将棋は、外部からは区別がつかないかもしれません。

鳥海　芸術には創造性が必要ですが、そこには、バックグラウンドが必要だと思っています。ゴッホの作風をまねたとしても、そこにゴッホの人生が背後にない限り、ゴッホの絵にはならない。ＡＩにはそれがないので、フラットには見ることはできないのではないかなと。

羽生　肖像画を描くソフトウェア「The Painting Fool」をつくったサイモン・コルトン先生は、「ＡＩに文字を組み合わせて詩をつくらせることはできるが、詩はつくらない」と言っていました。ゴッホの人生を背負っていないＡＩの描いた絵が、決してゴッホの作品ではないように、詩人の人生が背後にない詩には、意味がないということです。

短歌や俳句も、ＡＩにつくらせることはできると思いますが、そこでできたものに、意味はあまりないですよね。生きていて、生活があって、そこに四季の移り変わりや、日々の思いがあるからこそ価値がある。

ＡＩが社会に出て、ＡＩなりの日々の暮らしがそこにあって、ＡＩの想いが募って詠まれた歌であれば、そこには意味があるし、作品として認められる気がします。そう考えると、強いＡＩであれば、もしかしたらよい歌を詠むかもしれませんね（笑）。

鳥海　私も、ＡＩにＳＦ小説を書かせる研究をやってみたことがあるのですが、これって、何をやっているのだろうと、そんな思いになることもありました。ＡＩの可能性とか、技術的なものの研究にはなりますが、作品をつくっていることにはならないのだろうなと。

私も将棋は好きで、対局を観戦したり、棋譜を並べたりすることはあるのですが、ＡＩとＡＩが戦った棋譜には感動することはないと思いますし、あまり、熱心に観戦したいとは思いません。やはり、棋士たちの人生とか、そこに費やしてきたものがあって、対局に意味や価値があるのだろうなと思っています。藤井聡太四段の歴代連勝記録の更新がかかった29連勝に挑んだ対局や、羽生先生が七冠を奪取した谷川先生との対局などは背景にドラマが感じられて、単なる一局以上の価値があるように思います。

羽生　これから、若者の娯楽や趣味としては、バーチャルリアリティとか最先端のものが主流になって、将棋はもしかしたら厳しい時代を迎えるのかもと推測しています。そのさらに先、そういった先端技術による高度な娯楽が日常になってしまえば、シンプルでゲーム性の高い将棋は、再び注目されるのではないかなと思っていて、悲観はまったくしていません。

鳥海　ＡＩが人よりも強くなっても、プロ棋士の対局への注目度が下がる気配はありませんね。やはり、人というのはドラマのあるもの、バックボーンに人生があるものに価値を見出すのでしょう。いまだにチェスもオセロも、たくさんの人に楽しんでプレイされていますね。

強いＡＩは将棋を楽しめるのか？

鳥海　そういえば、強いＡＩができたとして、その強いＡＩ、人格や意識を持ったＡＩは自発的に将棋を指してみたいと思うのでしょうか？　彼らが将棋を指したとき、どんな将棋を指すのでしょうね。

羽生　あまり考えたことはありませんが（笑）。強いＡＩが将棋を楽しんで指してくれたら、それは嬉しいことですね。

　ＡＩが自分から将棋を指したいと思うためには、遊びというものを彼らが認識して、それを価値あることと認める必要があるでしょう。そのうえで、遊びの一つとして将棋というゲームをプレイすることになるのかなと。2001年宇宙の旅のHALは、人とチェスをしていましたが、はたしてあれが楽しんでやっているのか、人を楽しませるためにサービスで相手をしているのかは不明です。本気で計算されてしまうと人は勝てないので、仕事としてやっている感じもしますが（笑）。

現在の強い将棋ソフトは、機械的に、データを取るためだけに将棋をやらされているようなものですが、強いAIが将棋を指したいかは、やはり謎ですね（笑）。強いAIを内蔵した人格あるロボットが、奨励会に入りたいと希望したときは困ってしまいそうです（笑）。

人間のパートナーとしてのAI

鳥海　奨励会にロボットを入れるかどうかの規定はまだなさそうですね（笑）。

同じように、強いAIに対し法的にはどういった存在とするのかも、将来は問題になりそうですね。ある法律の専門家は、ペットと同等の扱いになるのではといっていましたが、ある人は人格があるのなら人権について検討する必要があるとも。

羽生　AIもそうですし、生物学の世界では、今後はクローン技術とか、遺伝子操作された生物も社会に浸透してきますので、何らかの判断はどこかでしないといけないのでしょう。

松尾先生は、AIには法人格を持たせたらどうかとおっしゃっていました。法人格を持たせれば、社会のルールに従う必要も出てくるでしょうし、理不尽なことからも守られるので、それに近い法的な立場が生まれる感じもします。

ただ、ＡＩに大きな責任を持たせたときは、問題になるものと思います。さきほども話題になりましたが、ＡＩもミスをする。そして、それは人間のミスとは違って、とんでもないミスだったりする可能性がある。なので、ＡＩの社会進出には、暴走しないようなロック機能とか、予期しなかったミスをした場合の安全装置のようなものも必要になるでしょう。

鳥海　そのロック機能という意味で、ＡＩに生存本能を入れるかどうかが大きな分岐点になりそうです。暴走した場合、最悪の事態を想定すると、そのＡＩを停止する、または破壊することがもっとも根本的な対応になると思いますが、生存本能があるとそれが難しい。ＳＦの世界ではコンピューターは頻繁に暴走しますが（笑）。

ＡＩが自己を守ることを優先したとき、そこでの暴走は想定できないものになってしまいそうです。

羽生　暴走するＡＩに関連して、少し怖いなと感じているのは、情報に関するセキュリティ、暗号化です。そういった分野は、今後はＡＩに任せることになると思うのですが、それはおそらく人間には解けるものではないので、生殺与奪の権をＡＩに握られてしまうことになる可能性がある。これは軍事でも経済でもそうなると思いますが、そこでＡＩに人格を持たれてしまうとちょっと怖いなと。

将棋も、勝つための手筋を探すというのは、ある意味で暗号を解くことに近いと思っているのですが、開発したＡＩがどうして強いのか、すでにプログラマーにもわからなくなっているという話もあります。指し手の決定までのプロセスは、もはや人類には開示されないブラックボックスになってしまっています。将棋でそうなのですから、本格的な暗号技術は、もはや人類の能力をはるかに超えているはずで、そこには、何か落とし穴があるように思えて怖いですね。

さきほど、将棋を彼らが楽しむかという話をしましたが、ＡＩが遊びを楽しむ存在になってくれれば、何となく信頼感が増すというか、仲間になれるような気がします。

鳥海　将棋を楽しめるＡＩは、人類の本当のパートナーになりそうですね。

羽生氏のインタビューの中で「ＡＩは生存本能を持っていないからその指し手は人間とは異なる」という言葉がもっとも印象的であった。いかに人間を模すようにつくっても進化の過程で手に入れたさまざまな機能を盛り込まなければ「人間らしくない」と感じられてしまうというのは、ＡＩ開発に対してある種の示唆となっているように思われる。

もしかすると生存本能を持ったＡＩをつくることは可能かもしれない。だが、それ以外に人間が生得的に持っているほかの性質はどうだろうか？　どこまで作り込めば人と同じようなＡＩになるのか。そして、それはもはや人間が長い年月で獲得してきた進化的な機能のすべてを得るということになり、それはつまり人間そのものを進化的につくっていることになるのではないだろうか。

その意味では、何気なく聞いた「強いＡＩは、自発的に将棋を指してみたくなるか」という質問であったが、実は本質を突いていたのかもしれない。将棋はいうなれば遊びである。「遊びたい」と思うＡＩがなぜそう思うようになるのかを考えれば、それは特定の機能によって生じるものではなく、総合的な知能によって生じるものなのだろう。

人間が進化的に会得したすべての性質を備えた知能は、はたしてどのようにつくられるのだろうか？いよいよ後半では、強いＡＩにつながる挑戦を続ける研究者たちの話を聞いていこう。

脳・身体知から自動運転まで

話し手・我妻広明（わがつま・ひろあき） 九州工業大学大学院生命体工学研究科准教授。専門分野は非線形力学系、脳型ロボット工学、計算論的神経科学。

我妻氏は、脳科学、人工知能のほか、ロボット工学と情報工学の融合といったことについても研究をされている。また、近年は自動車の自動運転技術の開発にも参画するなど、幅広く活躍されている研究者である。

脳を模した人工知能を実現しようとするプロジェクトに全脳アーキテクチャがある。これは脳をアルゴリズム的に解析するというアプローチだが、我妻氏はそれとは異なり、脳そのものの神経回路について研究されている。また、自動運転やロボットといった、ＡＩを現実世界でどう利用するかについて、実践的な取り組みをされている。

人工知能と人間の脳の話を皮切りに、ディープラーニングや対話エージェントとともに人工知能技術として注目を浴びている自動運転についてお話を伺っていこう。

脳科学と工学の融合

鳥海　我妻先生は、パソコンの開発を経験された後、脳科学を学ばれ、それからＡＩの分野に進出したそうですね。

我妻　私は、ＮＥＣでPC-9801noteの開発に携わっていたのですが、そのときに、「みんなコンピューターって賢いと言っているけど、そんなに賢くないよな」と思っていました。ＣＰＵとかメモリがレベルアップしたところで、結局自分で考えているわけじゃない、と思ってしまって、脳の研究に移ったという経緯があります。

その当時のコンピューターをモディファイ（修正・手直し）してもだめだろうなと思っていましたので、まずは数学から始めようと、数理科学を専攻し大学院博士課程を出ました。そして、いよいよ脳を研究しようということで、理化学研究所に10年ほど研究員として在籍しました。

鳥海　最初にお目にかかったのは、学会でご講演をお願いしてお話を伺った、このころでしたね。

我妻　理化学研究所では脳科学の基礎研究を中心に研究していたのですが、実際に自分がつくった理論が、現実世界で本当に動くか試したいということもありまして、２００９年より九州工業大学で生命体工学の研究をしています。

道具を使うサルと考えるＡＩ

まずは我妻氏の専門である脳科学の観点から、人間には比較的簡単にできるが、人工知能で実現するのが難しいいくつかの問題について話を伺っていこう。

我妻　フサオマキザルというサルは、石を道具として固いナッツなどを割る「道具を使うサル」として知られています。もともとサルの道具使用は有名で、木の枝を使ってアリを採るという事例はすでに知られていました。

鳥海　フサオマキザルの道具の使用は、木の枝を使ってアリを採ることと何が違うのですか？

我妻　アリを採る木の枝は、身体の延長であるということが最大の違いです。これは、最初から保持している「手」の機能を拡張しただけのもので、もっとも原始的な道具使用といえるでしょう。

ですが、フサオマキザルの場合は、対象物であるナッツがあって、これを割りたいという意思がある。

鳥海　でも、フサオマキザルの身体にはナッツを割るための機能はない、と。

我妻　こういうときに、ここに持ってきて打ち付ければ割れると考えて、硬い岩場に打ち付ける。この場合は、ナッツを割るのに適した場所、作業しやすい場所を選んで打ち付けています。

ここでのフサオマキザルの行動は、環境と対象と行為の三者の関係の理解であり、つまり単純な道具の使用よりも、一つ上のステージの道具使用であると考えられるのです。

鳥海　自分に備わっていない機能を外部に見出しているわけですね。

我妻　私たちが椅子を見て、その椅子を椅子として使用するのは当然です。ですが、ときにはこれを高いものを取るときの足場に使ったり、並べて仮眠のときのベッドに使ったりします。このように道具の情報や属性について、自分で書き直し、定義し直して、同じ道具を別の道具として使う能力は興味深いものです。それまで「椅子」であったこの道具を、高いところからものを取りたいという目的に応じて、今度は「足場」と意味を書き直して使用したわけです。

　ここでは、自分の目的を達成するために、ものの名前や意味を変更したわけですが、このように、対象に対して自分が新しく意味づけして、従来の意味とは異なる使用方法で別の道具として使うという能力は、単なる道具の使用よりは一つ上の知能であると考えられるのです。

鳥海　なるほど、フサオマキザルは石を「ナッツを割る道具」として定義し直したわけですね。

我妻　この、フサオマキザルの高度な道具使用と、手の延長としての木の枝の使用の差異のようなものが、強いＡＩと弱いＡＩの間にはあるのだろうと思います。一見似たように思えますが、そこにはかなり本質的な違いがあるのだろうと。強いＡＩ、弱いＡＩという分け方がありますが、実は人間が単純に道具として使う場合には、弱いＡＩのほうが都合がよい。命令されたこと以外はしないので、余計なことはしないからです。

　私はコンピューターの技術者だったのですが、いわゆるコンピューターというものは計算手順を次々と組み込んで、そのルールの中でのみ使用が可能なものです。では、誰がその手順やルールを定義するかというと、それは設計者ということになります。

ところが人間だと、「先生、ちょっと思いついたんですが……」と、指示したこと以外のことを行ったりします（笑）。

鳥海　教員としては嬉しい一言ですけどね（笑）。

我妻　そのような直観的なひらめきが、さきほどの椅子を足場としたような、新しい発見にもつながる。

鳥海　学生がやってくれるのはよいけれど、道具が勝手にひらめいてくれても困る、と。

我妻　もう一つ、内観的とよんでいますが、私たちはときどき、「おかしいな、こんなはずではなかったのに」などと、自分の行動を振り返り、自分で自分を観るということがあります。ですが、いまのコンピューターには、自分自身を観るという能力は与えられてはいません。自分で自分を観ることができたうえで、「ではこうしよう」とか、「私はいままでだめだった、こうしなくては」などと、自分を書き換えられるAIができたとすれば、これは一つ上の階層にある強いAIということになるかと思います。現在のコンピューターが勝手にOSを書き換えると、クラッシュしてしまいます（笑）。

鳥海　何だか、ある朝来てみたら勝手にアップデートされている某OSを思い出します（笑）。

記号接地問題

我妻　さて、これは教科書的な話になってしまいますが、AIの三大問題というものがあります。一つはフレーム問題。現実世界では、起こり得る出来事が無限に存在するので、これらすべてを可算的な処理をするＡＩが計算しようとすると、有限時間では対処できなくなってしまうというものです。もう一つが、中国語の部屋という思考実験（中国語の部屋については、松原氏のインタビューを参照されたい）。

このフレーム問題と中国語の部屋についてはまず置いておいて、もう一つの、記号接地問題について考えたいと思います。

記号接地問題とは、記号（シンボル）と、実世界での概念・意味とが、どう結び付けられるか、そもそもどのようにラベルをつけるか（ラベリング）、という記号化の問題である。

たとえばカップについて考えてみよう。このカップを現在よく用いられているような、属性の集合、すなわちベクトル表現で取り扱うことの限界が問題となる。カップとは（1）へこんでいて、（2）取っ手がある。（3）そのへこみに液体を入れてもこぼれない構造になっている……ほかにもいろいろと属性はあるが、そういう属性の強さ、弱さの度合いで仮にカップを表したとしよう。

このとき、コンピューターは、記号によってある物体がカップとわかった（認識できた）として、コンピューター自身は実際にカップを使ったこともなければ触ったこともない。はたしてそれで本当に、コンピューターはカップを理解しているものと考えてよいか、人間の表象するものと、はたして本当に同じものと考えてよいのか。

これが、記号接地問題である。

我妻　最近、客観的な表象、特定条件がそろったものについては、統計学習や確率モデルで、ラベリングが可能だということがわかってきました。

記号をつける際、物理的なものや物理的な属性が自明なものにラベルをつけるのは、普遍性が確保できるため問題はない。これが机であるとか、カップであるというのは、実用的な範疇でラベリングやシンボル化は可能です。

一方、これは数理言語学の研究者から聞いたことですが、認識論と存在論の話があります。たとえば、角のないユニコーンをユニコーンというのかという問題を考えてみます。

鳥海　見た目はただの馬になりますね……。

我妻　つまり、犬や猫、馬には四本の脚がある。猫は目がこうで、耳がこうで、鳴き声がこうでと、属性の集合として表現できたとして、事故で片足を失ってしまった猫や、傷害を負って物理的に観測できる属性を失ったりした猫は、猫と認識できるのか、という問題です。つまり例外処理の問題が残ります。これは言語の問題特有のものでもあり、機械的に例外を扱うのは難しい。

機械学習では統計的な傾向でラベリングするので、ほとんどの場合は対応できるのですが、きわめて特殊な例外では機能しなくなってしまう。

鳥海　属性の集合だけでは、物体は表し切れないわけですね。

我妻　スーパーマン問題というのもあるそうです。スーパーマンをどうよぶかというと、彼はスーパーマンであり、クラーク・ケントでもあり、クリプトン星ではカル・エルとよばれている。これは、同じ対象物に対して、文脈に依存して異なる名称を使っている。場面ごとにいちいち「このときはこうよぶ」というのは明示しないけれど、そのよび方は、その場その場で共有されている。これも記号接地問題における一つの難しい点です。

また、主観的な問題が入ると、現在のＡＩにはなかなか扱えなくなってしまいます。楽しいとか嬉しいとか、そういった主観的な感情表現は、とても難しい。

私の楽しいと、鳥海先生の楽しいも違いがあるでしょうし、これはあらゆる主観において個々で異なるもので、物理的に同じ属性の物体に同じラベルを振るようには、扱えないわけです。

記憶を扱うことの難しさ

鳥海　人間は単なる属性の集合以外の形で物体を捉えているわけですね。まして感情表現は物体ですらないですから、属性に分解して捉えることはできないわけですね。となると、人間はどのように物事を捉えたり記憶したりしているのでしょうか？

我妻　私がもともと研究していたのは脳の記憶回路です。記憶における手続き記憶とエピソード記憶の二つの違いが重要です。

手続き記憶は強化学習のようなもので得られる記憶で、訓練することで記憶されるものです。自転車にはこうしたら乗れるとか、そういったもので、これはある程度身体性に拘束されたものです。

たとえば丁字路で、側道から本線道路に左折して入りたいとき、ドライバーはどういったタイミングで入るかを考えます。運転に習熟していれば、基本的動作は無意識にできます。運転の習熟などは、動作や手順を繰り返し再現することで手続き記憶が形成され、これは強化学習で定式化されます。人が車を運転するとき、いちいち手順を意識しませんが、ある種の自動回路として成立しているからです。

鳥海　「このタイミングなら合流できるな」と思えば手足は勝手に動きますもんね。

我妻　一方、エピソード記憶は、あそこはきれいだったなあとか、そういう感情の変化などと一緒に記憶されるもので、これは脳の海馬が司っています。

さきほどの車の運転の例だと、本線道路に入るのは状況としてはイレギュラーなので、そのタイミングは、自分の運転技量や自車の加速性能、本線道路を走る車の速度、車間距離などのいくつもの状況をドライバーが認知し、意識して意思決定を行います。

これは、過去のヒヤリとした体験などに照らして、認知と自覚を持って本線へ進入するということです。ここでは、意識して思い出せる記憶、顕在記憶回路が働くのですが、これについては、海馬、前頭野、扁桃体が用いられています。

エピソード記憶は陳述記憶ともよばれます。失敗したときに、「これこれこう考えて、こうなると判断して本線に入ったのですが事故を起こしてしまいました。加速が遅かったか、または本線道路の車の速度を実際より遅いと考えてしまったのが失敗でした」などと、その一連の行動についての自覚的行動や意識を後になって説明できるのが特徴です。

鳥海　重要なエピソードの場合は一度でもちゃんと覚えているわけですね。

我妻　人間の意思決定は、この二つの機能から支えられていると考えられています。側道から本線道路に入るという場合には、手続き記憶と、エピソード記憶とが相補的関係として働くわけです。

鳥海　記憶に二種類あるというのは面白いですね。どうして人間は二種類の記憶を持つようになったのでしょうか。

我妻　脳の進化からいうと、手続き記憶や強化学習のほうは、運動や身体性から発達したものです。エピソード記憶はというと、感情とともに発達したものと考えられています。そもそも、感情というものがどうして生まれたかというと、まずは人間が生きるうえで、危険察知、敵から逃げるといったアラート回路のようなものが最初に成立して、これがもとになっているようです。

何か危険な目にあった場所なども、猛獣とここで出合って怖かったといった記憶の中に残ります。これらは個々のエピソードとして、主観、感情とともに記憶されます。これは、価値判断は先送りにして、後に有効となり得る情報を蓄積するために生まれたと考えられます。

海馬と認知地図

鳥海　怖かった、というエピソードには、感情以外にも場所の記憶も含まれるわけですよね。

我妻　ネズミは、高い壁のある迷路の中にいても、ネズミ自身は真上から見て自分の位置がどこかを脳の神経発火で把握しているようです。これは、空間内のそれぞれの場所に対応して異なる細胞が発火するという「認知地図」で、学習の結果として細胞集団の中でそれぞれの分担が形成されます。

鳥海　それが、海馬の中の神経細胞ということですか。

我妻　はい。場所細胞ともよばれますが、ネズミが空間を数分間移動して経験することで、特定の場所に特定の細胞が自然に割り当てられ、ネズミがその場所に来ると、その担当となった細胞が発火して、その場所であることを認知するわけです。これは、同じ物理空間であっても、課題や餌の場所を変えたりすることによって柔軟に担当が変化します。

鳥海　それは人間においても同じなのですか？　人間の移動範囲は、近い場所から外国まで、たくさんの場所を経験していますし、海外から自宅の部屋の中まで、スケールもいろいろとありますが。

我妻　はい、人間も同様という報告があります。認知地図は抽象的な階層構造を持っていると考えられますが、いわゆる連想記憶回路は、同じ回路を使いまわしています。異なる情報は、異なる神経細胞グループを使って情報表現しています。その組み合わせパターンが異なることを利用して、有限の神経細胞がうまく役割分担し、多くの記憶を積層し書き込みながらも、個別に記憶を呼び出すことができます。これを情報の分散表現とよびますが、場所細胞も同様です。

事実記憶は、海馬で処理した後、睡眠中に皮質に安定化させていると考えられています。たとえば、一たす一は二ですとか、日本の首都は東京であるなど主観の入らない事実については、大脳に移されて記憶されます。

一方、自分の主観に近い記憶は、海馬に積層されていると考えられています。

海馬では時間は圧縮されて記憶される

我妻　エピソード記憶について、海馬が司っている「時間表現」もなかなか面白いです。実は海馬は、エピソード記憶を物理時間と分離したものとして、伸縮や断片のつなぎ合わせができる内的時間で処理しています。私たちは、実際に起きたことを観念的な場所表現や時間単位を用いてラベリングし直して、神経発火としても圧縮した形で記憶しています。そのため、何かを思い出すとき、最初から逐次的に出来事をトレースする必要はなく、飛びとびの状態で必要な記憶を呼び覚ますことができます。

私たちはエピソード記憶を、文脈依存性、生体の特性や特質（感情や、痛みなどの感覚）、時間性（物理時間と乖離した圧縮された時系列表現）で統合して記憶しています。

鳥海　脳はそれ自体あまり大きくありませんが、とても効率的に情報や記憶をデータとして収容し、利用しているわけですね。

我妻　そうですね。そういった意味で、まだまだ現状のＡＩでは、人の知能を超えるというのは時間がかかりそうです。すでに特定の能力では人を超えてはいますが、感情などの量子化はまだ難しいでしょう。

背景の概念

鳥海　人間の記憶とコンピューターにおけるデータの記憶は本質的に意味が違いそうですね。この違いが、人間と人工知能の違いとしても現れるわけですね。

我妻　私たちは四コマ漫画を見て、そこにどんなことが描かれているか理解できます。連続する抽象的な図形を認識するときには、前後の時間的経緯がそこで圧縮されていることを理解し、そこから何が起きているかを推定します。前後の経緯を圧縮して、足りない情報を補完して意味づけしているんですね。

アメリカの哲学者ヒューバート・L・ドレイファスは、著書『コンピューターには何ができないか』で、「限界があるよ」という論旨で人工知能批判を行っています。彼はある例文で最後に記述されたitの指し示す意味が、機械では理解できないだろうと当時のAIを論破しました。それは、現代のグーグル翻訳で実験することができます。実際、ある程度は翻訳されますが、全体として何を言っているのかは、わからない文章になってしまいます。

ドレイファスの例文を機械翻訳する難しさを分析してみましょう。

今日はジャックの誕生日だと、まず冒頭に書いてあります。すると、私たち人間は、この日が誕生日という情報から、日々の生活という時間軸の中で、とくにこの日が特別であるということを理解します。ですが、AIにはその特別な日という理解はありません。

その前提があって、ペニーとジャネットがお店に行ったということが書かれていれば、これは誕生日のプレゼントを買うためだなと私たちは一瞬にして推測します。ですが、プレゼントのためということは明示的には書かれていないので、機械翻訳では単純に補完できないでしょう。

ここで、ジャネットは凧をプレゼントとして買おうかという提案をするのですが、ペニーはこれを否定します。ジャックはすでに凧を持っているので、凧を贈った場合は、店に返品してくれと言うだろうと。ここで、ジャックの少しわがままな性格が暗示されているのですが、やはりそういうことはAIには理解できません。

この短い文章の中でも、さまざまな背景情報が読み取れるのですが、そこには、誕生日というものの社会的意味があり、さらにはジャネットがジャックにプレゼントを贈った場合のメンタルシミュレーションがあり、ペニーが行ったジャックの行動についての未来予測からジャックの性格にわたるまでが推測できるわけです。

鳥海　私たちの脳は、それら背景までをすべて瞬時に補完して読み解くわけですね。

我妻　誕生日の意味とか、誕生日にはプレゼントを贈る慣習があるといったことを、情報としてあらかじめ入れておくこともできるのでしょうが、それだけでは、「店に返品に行ってこい」と言われたときの、人の受けるショックまではＡＩには理解させることはできない。このあたりの身体性の感覚、ストーリーをどうやってつなげるかは、まだしばらくはＡＩには難しいだろうと思われます。

　ストーリーのつながりも、順番にどうつながっているかまではわかるとしても、そのストーリー全体で、どんな含意があるのかということは、なかなか厳しいでしょうね。

鳥海　ドレイファスといえば、チェスのエピソード（詳細は松原氏のインタビューを参照）で株を下げた感じがありますが、こちらの例は人工知能の限界をわかりやすく指摘していますね。

ＡＩの苦手な気づき

鳥海　背景の推定以外にも、人間は日常的に行っていてもＡＩが苦手なことは多そうですよね。

我妻　機械やＡＩが苦手とする能力として、「気づき」というものがあります。

　極端にモデル化した人間のイラスト、棒人間が何かをしているような絵がいくつかあったとします。人は、そこから動きを勝手に読み取ろうとするのですが、これの意味を機械はなかなか理解できない。

組み合わせ論、アルゴリズムで、それが何かをパターン化して認識する手段もあるのですが、そこに書かれているものを動作や意味として識別し判断するためには、何らかの補完が必要になってきます。何をどう補完するかがなかなか難しいのですが、人は棒人間の絵であっても、そこから動きを一目瞭然で読み取ってしまいます。

鳥海　「気づき」は羽生先生がおっしゃっていた「ひらめき」と似ていますね。こういった非形式的なものは、まさに、ＡＩにできていないことですよね。

我妻　これからは、脳科学での成果がＡＩに応用され、大きく発展する可能性がありますが、現状では強いＡＩはまだかなり先の話と思います。

強いＡＩを考えるとき、意思があることが便利かどうかという議論もありますし、意識のようなものがＡＩに宿ったとしても、それが人の意識と同質であるかどうかもわからない。

少なくとも、何をしたいかという目的やその認知という上からのトップダウン側の情報と、物体をどう操作することができるかの選択肢という下からのボトムアップ側の情報があって、これが合致したときに初めて、その個体における意味のある情報が得られたといえるのだと思います。それが欠けた状態では、強いＡＩは完成しないと思います。

物理的な拘束条件と身体知

鳥海　それにしても、人間の脳というのはなぜこんなにうまく進化できたのでしょうか。

我妻　人間の身体には物理的な拘束条件がありますが、人間の知能には、この身体的な条件やバランスが大きく影響しています。

立ち上がるという単純な動作を取り上げてみても、人はとてもわずかな労力やエネルギーで立ち上がるための知識を持っています。ロボットが立ち上がる場合と比べれば、その差は歴然でしょう。

ボールを投げるということでも、腕や手首のしなりなどがうまく利用されていて、最低限のエネルギーで速球を投げることもできます。機械でボールを投げようとすると、ものすごい大きなエネルギーを使わないと人間の投げるボールのような速度には達しません。

人は、タイミングよくボールを手放したり、腕をしならせたり無意識に行っていますが、これも進化の果ての構造上の「知」で、身体知とよべるものです。ロボットの場合は、これを機構知とよんでいます。

鳥海　拘束条件、つまり構造が決まることによって、その構造における最適解が出てくるということですね。

我妻　人間の身体も実はこれと同じで、歩く、走る、ジャンプするという動きも、身体の構造が決めているといえるのです。たとえばムカデなど、原始的構造になればなるほど拘束条件が固定されていて、同じ動きしかしません。ムカデの脚は一定の動きしかしませんが、脚の数と体の節を増やすことで、動きに多様性を持たせています。

鳥海　そういう意味では、多脚リンク機構はまさに身体知といえそうですね。

我妻　私たちも多脚リンク機構による歩行ロボットを制作し、回転と位相により昆虫の脚のような動きを再現したのですが、これもおっしゃるように身体知で、可動域などの拘束条件の組み合わせで歩行を実現

オランダのアーティスト、テオ・ヤンセン（Theo Jansen）の作品ストランドビースト（STRANDBEEST）。脚部が多脚リンク構造となっている。http://www.strandbeest.com/photos.php より「Strandbeest longus fuut 3 klein」（写真提供 Media Force）。

しているわけです。

鳥海　さすがに多脚リンク機構を人工知能というと反対意見も多そうですが（笑）。

我妻　多脚リンク機構は拘束条件が非常に厳しいですが、高等な生物になるほど拘束条件に自由度を持たせて、拘束条件を変化させることで、走ったりジャンプしたりいろいろな行動ができるようになる。だから、たくさんの脚を持たなくてよいわけです。

体の構造については、一意解を出していたような生命が多様な解を出すために、その進化において安全装置、ロックを一つずつ外していったと解釈することもできます。その際、こういうときはここをロックしてこういう動きをするとか、異なる一意解を出すためにロックをコントロールする神経が発達し、進化してきたのだろうと思っています。

鳥海　構造的なロック、つまりハードウェアによってロックされていたものを、動きに遊びを持たせたうえで、ハードウェアではなくてソフトウェア的にロックの仕方を制御して、それによりさまざまな動きを獲得したということですね。

我妻　それが原始的な神経の進化の始まりと考えています。泳いでいただけだった生命が、歩いて陸に上がれるようになったり。

泳ぎの動きと歩くときの動きは、脚同士の協調パターンが異なるのですが、パターンAからパターンBへと切り替えができたというのが、大きな進化上の飛躍ですね。

鳥海　その進化ですが、ハードとソフト、どちらが先に変化したのでしょうか。

我妻　私たちの体を構成する有機物は、構造が脆いのでよく壊れてしまう。たまたま環境にフィットした構造（ハード）が新しい動きを獲得してという繰り返しが、進化を生んでいるのかなと。

体を構成するたんぱく質は、時間が経過すると壊れてしまいます。再生と破壊が繰り返されて、再生ができなくなると寿命になってしまいますが、再生と破壊の繰り返しの中で、意味のあるパターンが残ったのが進化だと。時間の概念というものも、そういったことからできたのかなと考えています。

神経細胞ができ、最初は歩行パターンを変える程度のものであったのが、より複雑なパターンを獲得し、記憶や時間をコントロールするようになったと。

鳥海　脳の中のソフトウェアも、それにあわせて柔軟性を持つようになったということですね。

我妻　最初は身体のコントロールだけであったものが、次第に情報を認知し選別するようになり、刺激と反応のパターンマッチングだったものが複雑化して、知能へと発達したわけです。

鳥海　生物は個々で身体性、構造が決まっていますが、人工知能には身体性がない、または決まっていません。身体性がないと自由度が高すぎて知能が発達しなくなるということもありそうですね。

我妻　それに関しては、人間は脳だけで生きていけるのだろうかという思考実験があります。無限に生きるという人もいますが、身体性があるからこそ知能が働くという考えの人もいて、身体性がないと知能が働く必要性を失って、意識のようなものも消えるのではないかという考えもあります。

たとえばですが、犬に人の脳を移植したとすれば、脳はその身体性にあった働きをして、犬のような思考や行動をするのかもしれません。しゃべれなければ、しゃべるための知能は働く必要がなくなりますし、嗅覚が発達しているので、嗅覚の情報が重要になり、脳も嗅覚情報を重視する働きをするようになるかもしれない。

鳥海　手塚治虫の『火の鳥』に出てきたロビタはまさに身体性によって思考や行動が変わったのかもしれませんね。

工学とAIの融合

我妻氏の研究室では、「高齢化社会に向けたBrain-ISアプローチ：人-機械相互作用におけるモデル化、知能化および身体動作支援」という研究を行っている。これは、脳科学から得られた数理モデルや非線形力学を用いて、脳型知能の解明と工学的実現から、身体の仕組みより得られる生物の身体知、そしてその融合として人間のパートナーとなる社会脳ロボットをつくることを目指している。我妻氏が所属する九州工業大学大学院生命体工学研究科では、複数の研究室が協力し、人を支援するさまざまなロ

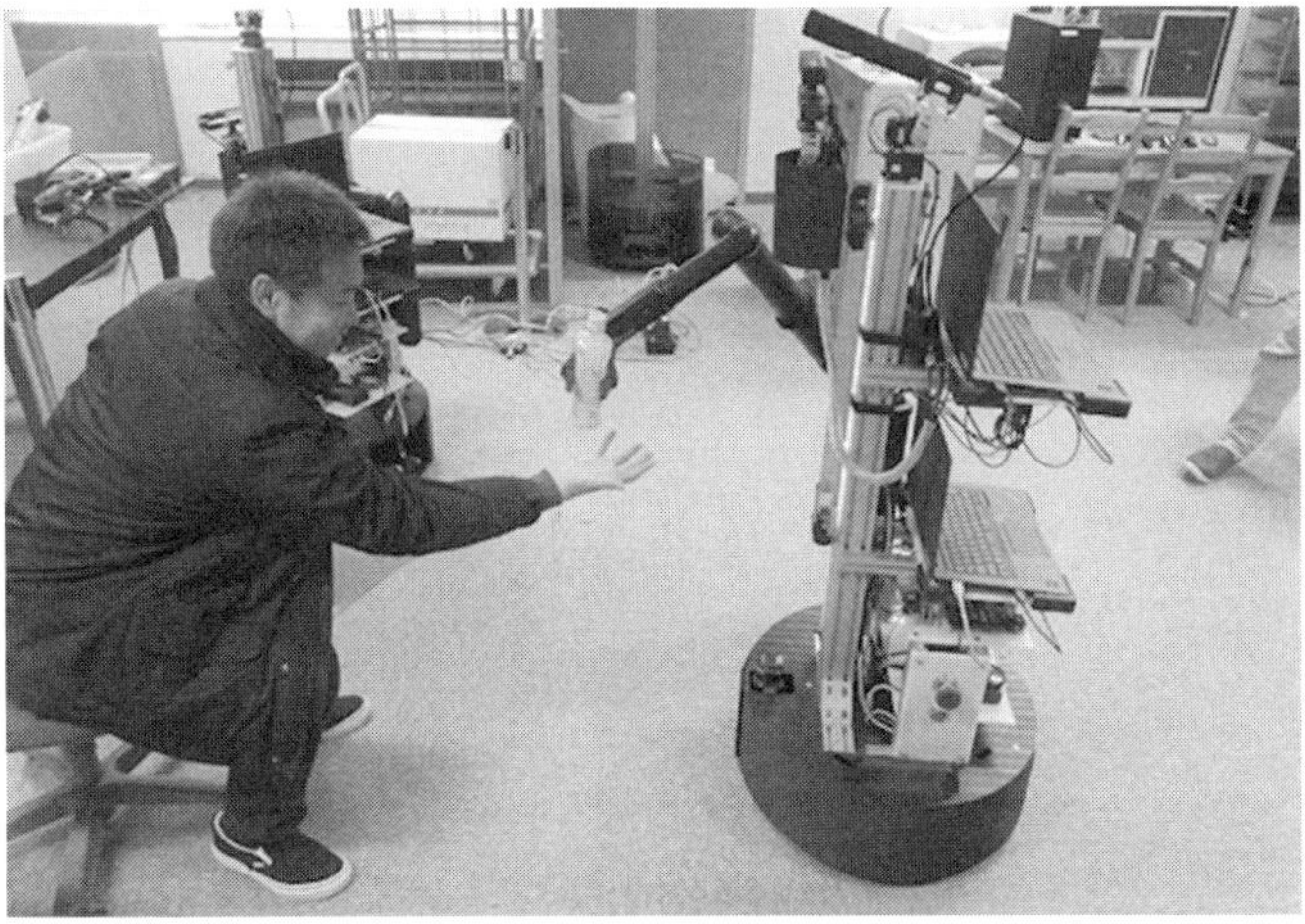

九州工業大学の各研究室から学生が参加し学生チームで開発が進められているサービス・ロボット「EXI@（エクシア）」（世界大会「RoboCup 2017」の中でも生活支援ロボットの性能を競う @HOME League で世界 5 位。同チームは標準リーズ Domestic Standard Platform League では異なるロボット機体で優勝している。）

ボットが開発されている（写真は、学生活動で開発が進められているサービス・ロボット「EXI@」）。

我妻　この研究では、人間と機械が相互作用するところで、機械がどのような能力を持たないといけないかとか、人間の支援を実際に機械がどういう形で行えるのかということを研究しています。

そういった意味では、かなり抽象的なことになりますが、空気を読むといったことが実は重要になってきます。

鳥海　空気が読めるロボットはいいですね。人間でも読めない人がけっこういるのに。

我妻　お手伝いロボットのようなものが未来に実用化されたとして、人が野球を観て盛り上がっているときに、ロボットが些細なことを確認するために話しかけると人はイラっとするわけです。人とロボットが共存・共生するためには、ロボットにも社会性のようなものを持ってもらわないと便利を超えて窮屈なものになる。

もちろん、空気を読むためには、人の感情の動きや流れとか文脈といった、あいまいなこともある程度理解できないといけません。

自動運転に必要なもの

鳥海　人間のパートナーとしてのＡＩの直近に実現できそうな技術の一つに自動運転があると思います。我妻先生は、自動運転についても研究を行っていますが、自動運転を行うＡＩはどのようなものになると思いますか？

我妻　自動運転の実用化には、結局何が必要なのかという話ですね。運転に必要な基本的技術を考えたとき、それは認知、判断、操作（制御）の三つに分類されます。

「認知」とは、ドライバーが道路や周辺において、「運転」という目的達成と安全性確保のために必要な情報を得て、何をすべきかの認識を行うことです。

「判断」とは、認知の後に取るべき動作やタイミングの選択や、進路の決定を行うことです。ここでは、リスクの予測と、行動の優先順位の決定を行う必要がありますが、これが自動運転では難しいポイントとなっています。

この認知を前提とした判断に従って、実際に自動車を動かすのが「操作」ということになります。

自動運転の技術的問題点は、おそらくですが、近い将来にはかなり改善されて実用化に向かうと思います。

現段階でも、車は自動で走らせることは可能なのですが、問題は、安心・安全の担保で、そこをクリアするのが難しい。自動車メーカーも行政も責任を取れるわけではないので、そのあたりの法整備も含めて、日本国内での実用化がいつになるのかはまだ不透明です。

鳥海　技術以外にもクリアすべき課題が多いわけですね。

我妻　自動運転を制御するのは、いうまでもありませんがＡＩということになります。国土交通省が主導したオートパイロットシステムに関する検討会では、自動運転について段階的なレベルを設定し、４段階に分類しました。

レベル０（自動化なし）　ドライバーが、常時運転の制御（操舵・制動・加速）を行う。

レベル１（特定機能の自動化）　操舵、制動または加速の支援を行うが、操舵・制動・加速のすべての支援はしない。

レベル２（複合機能の自動化）　ドライバーは安全運転の責任のみ担う。制御はすべて支援される。

レベル３（半自動運転）　機能限界の場合のみ、ドライバーが自ら運転操作を行う。

レベル４（完全自動運転）　運転操作、周辺監視をすべてシステムにゆだねる。

日本の自動車メーカーの現状はというと、レベル１ではかなり成果を上げているものの、レベル４を目指す研究やシステム化は欧米にかなり後れを取っているように感じています。

自動車メーカーの技術者には、「ＡＩって本当に必要なの？」という意識の方がまだ少なくないのですが、レベル２以降を目指す場合はＡＩは絶対に必要なものです。

鳥海　自動車メーカーには運転が好きな方が多いから、ＡＩに運転させるより自分が運転したいので、ＡＩの必要性を感じないという話は聞いたことがあります。本当かどうかはわかりませんが（笑）。でも、一般ユーザーはレベル２以降を求めていますからね。

我妻　私は、自動運転の研究では、制御の概念の中にどうやって情報を持ち込むかというところを担当しています。

現在、いろいろなＡＩがあり、ディープラーニングに代表される機械学習もありますが、ここではオントロジー（概念体系）理論について考えてみましょう。オントロジーというのは、情報を論理的に枝葉に分けていくような構造のことです。

典型的には、考えられる状況を多次元空間にマッピングして、そこに線引きして安全か危険かを識別すればよいことになります。たとえば、制限速度を縦軸にとって、車両速度を横軸に取るとします。制限速度が低いときに車両速度が遅ければ安全ですが、制限速度の低いところで車両速度が速ければ、これは危険だなと、そう判断でき、危険ゾーンと安全ゾーンとに分けることができます。

これはかなり単純化したモデルです。別のモデルとして、前方に見える人の数と速度の相関ではどうかと考えると、人が多いときに速度が速ければ危険だとはいえますが、少ないからといって安全であるとは言い切れず、歩行者がいるときの安全性についてはケースバイケースであって、一般解は得られません。

やはり、汎化できるものと、状況依存性の高いケースバイケースの事象がある。それで、オントロジー理論を使うという案が浮かび上がりました。

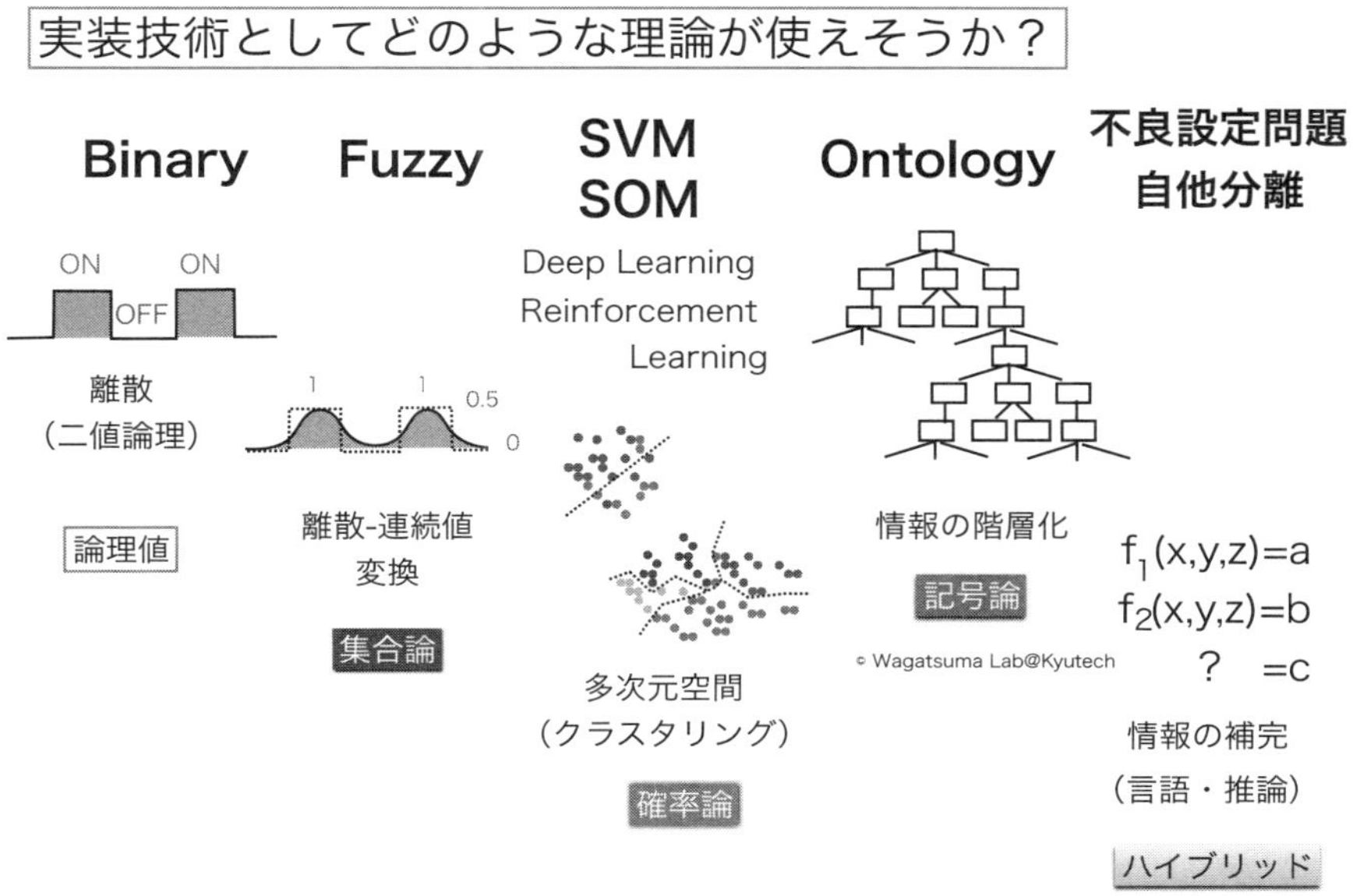

他の理論に対するオントロジー（Ontology）の位置づけ

セマンティック情報の活躍

我妻　日本の自動車メーカー各社の現在の技術であれば、高速道路に上がって降りるまでを自動運転で制御することは、すでに十分可能なのですが、それはあくまでも特殊な状況が発生しないという前提です。問題は、想定していないことが発生した場合には、まだ対応できないということです。

鳥海　手続き記憶の担当範囲はおおむねできているけど、エピソード記憶の担当範囲はまだできていないということですね。

我妻　想定外の事象が発生した場合に、それについての情報が事前に組み込まれていないと扱えない。そこで、そのような情報を記号化してセマンティック情報で扱おうとしています。これを、私は求心性セマンティクスとよんでいます。求心性というのは脳科学で使われる言葉で、外部からの刺激などの情報を、末梢神経から中枢神経へ伝達することを指します。逆に、中枢神経から末梢神経へと伝達することを遠心性とよびます。

セマンティック情報とは、機械だけではなく、人にも理解可能な形で意味づけされた情報のことです。たとえば、人が歩いている、レーンはどこにある、前方の車との距離、前方の車の速度などなど、計測機器から取得したさまざまな実データを記号化し、これをＡＩに与えます。ＡＩはこの情報を解析し、危険だから速度を落とそうとか、レーンの端に寄っているので中央に戻そうとか判断して、これを記号化し、出力値として車両に伝えて加減速したり、ハンドルを動かしたりと、車両を操作（制御）します。

鳥海　一般の方が自動運転で気になるのは、何よりも安全性ですから、安心して自動運転に任せられるように、いまある技術に人にも理解できる求心性セマンティクスを追加しようというわけですね。

我妻　東京の築地市場の移転問題で、安心と安全の問題が話題となりました。この二つは同じような言葉ですが、異なった概念のものと考えています。

安全というのは、どちらかというと科学的、機械的なものです。自動運転を考えるときは、人間工学、機械工学、制御工学といった、工学的なアプローチで安全を担保しようということになります。設計論的には、何が起こるかわからないので、可能な限り、設計に織り込んでおこうと、そういう思想です。ここで求められるのは、「よく考えられている」ことでの信頼性と、「壊れにくい、誤動作がない」という頑健性、たとえ壊れたとしても、安全側に作用するようなフェイルセーフ性です。

一方、安心というのは人の主観的な感覚ですので、状況との関係を含んだ、心理作用を含む認知的なものと考えます。

鳥海　安全なら安心というわけではないのですね。

我妻　安心は、認知科学や情報科学、脳科学といった分野で扱うべきものです。わかりやすく言うと、「人間がどんなことを感じて、どう振る舞うかを想定して、柔軟性を盛り込んでおく」ということになります。

何かあったときに、ドライバーが決断や判断をするまでの時間的余裕。他者との距離といった空間や余地。何かあった場合に、取り得る効果的な回避策の選択肢。これらを可能な限り用意しておくことが、ドライバーの安心につながります。

鳥海　やはり自分で制御できる部分があったほうが、安心ですよね。

我妻　車の運転における危険とは、要するにさまざまな事故ということです。ドライバーが危機的状況で精神的に追い込まれパニックになったとき、どういった行動を取るか、何が可能かとか、運転時に道路上で危険因子となり得る、歩行者や自転車、ほかの車などの振る舞いをしっかりとモデル化して、これに対策を取ることが必要になります。

あらゆる「かもしれない」を考えて、安全を担保するだけの機能を保証しなくてはならないのですが、だからこそ、単に機械工学だけではなく、そこには情報論が必要であり、その融合が重要なのだろうと考えています。

鳥海　実際に技術としては、どのような理論が使えそうでしょうか？

我妻　工学的には、二値論理で考えればよいこともあれば、ファジーで考えるべきこともあり、ディープラーニングなどの教師あり機械学習や、クラスタリングなどの教師無し学習といったものも有効でしょう。

鳥海　いわゆるＡＩ技術全般ですね。

運転にかかわる拘束条件とオントロジー

我妻　人間が運転する車同士がどうして事故をあまり起こさないかというと、車は基本的に前に向かって走るという特性があって、曲がる場合でも、突然直角に曲がることはない。その動きが限定的だからこそ、動きの予測もできるし、そういうルールをドライバー全員がシェアしているから事故が起きないのだと考えられます。車が全方位に移動できたら、カオスとなってしまって道路は利用できなくなるでしょう（笑）。

鳥海　駐車するときだけは全方向に移動したいですが（笑）。

我妻　運転時には、それ以外にもいろいろな拘束条件があります。車両のダイナミクス（車両の性能・能力など）、道路状況、交通法規などがまず基本的なものとしてあります。

そのうえに、リスク管理があります。交通法規の範囲内でも、道路状況や車両の性能には問題がなくとも危険なことはあります。これを構造化して、よりリスクが高まる悪い状態にならないように、自己をコントロールするという戦略が必要です。

先行車が、制限速度を守ってはいるものの左右に微妙に揺れたり、不安定に速度変化していたら、私たちは前の車のドライバーが酔っ払っていたり、睡魔に襲われていることを予想して、制限速度よりもかなり速度を落として距離を置いたりします。そういった判断が、高度ＡＩに期待される部分です。

私たちは、そうした「自動運転危険予測装置」の構築を行っていますが、これを、ウェブでも広く用いられるＲＤＦ表現を用いて情報や知識表現を整備し利用することを提案しています。

鳥海　自動運転でのＲＤＦですが、型のようなものはあるのですか？

我妻　趙、市瀬らが提案したＡＤＡＳ（先進運転支援システム）オントロジーが、その基本となるセットです。これは、「どこで」を表現する地図オントロジー、「誰が、またはどんな大きさの自動車が」を表現する自動車オントロジー、「どんな操作で」を表現する制御オントロジーの組み合わせによるものです。

道路には高速道路や一般道、車線の数や制限速度など、いろいろな違いがあり、情報を階層化しています。目的地に着くまでには、多種多様な、刻々と変化する状況の道路を使うことになります。自動車の種類により、やはり条件も変化しますので、これも情報を階層化して認識する必要があります。原付き自転車では高速道路は入れませんし、バス専用帯ではバスが優先されます。制御では、どんな行動が可能であり必要なのか、走路選択についてアクションを決めるということになります。

どんなコースをどう走るか、やってよいことかどうか、それが目的に合致しているかどうかを決めるために、この三つの要素が最低限必要になります。

鳥海　最低限ということは、ほかにもいろいろな要素があるということですか。

我妻　はい、運転中に直面する「状況」を表現するための、ミニマムオントロジーのセットと考えてください。「しかじかの条件がそろっていたら、減速し一時停止せよ」といった判断則や安全を確保するためのリスク計算などが組み込まれて、オントロジーの全体が完成することになります。

この三つは、交通法規の中で目的地まで移動するための最低限のもので、判断処理が必要な何らかの出来事が起きたと認定するための因子群です。ここでは、わかりやすい例を示しましたが、実際に運用するものは、より細かく分類されたものになります。

鳥海　膨大な量になりそうですね。

我妻　世界全体を明示的に書き下すのは不可能で、エキスパートシステムが破綻したのはそのためです。右に曲がるということで考えても、あらゆる軌道をさまざまな速度で個々に考えて違う言葉を事前に用意

九州工業大学で開発中のAIを搭載した自動運転車両

して表象するのは、情報が膨大になるだけで、あまり意味がありませんし無駄です。これを、ある程度の幅を持って、マクロ的に記述するのがオントロジーということになります。

軌道については制御系で対応すればよいことです。ぶつからないようにするには、センサーが距離などを情報として認知して対応すればよいわけで、これはすでに実用化されています。

私たちが構築しているのは、それよりも上のレイヤーということになります。何かが突然飛び出してきたときの緊急措置などは、すでに実用化している下位のシステムに任せます。むしろ、そういった緊急事態になる以前に、追い込まれる以前の行動選択をするのが、私たちのシステムと考えてください。

鳥海　右折するために、事前に右折レーンに入っておくとか、そういう判断ですね。

我妻　そうです。データ駆動型ＡＩと、論理知識型ＡＩ（オントロジー活用）を組み合わせた融合ＡＩですが、現在はその有効性の検証を行っています。

現在は、自動運転車を用意して実際に車両ダイナミクスのデータを取っていて、これを解析して論理的に判断して制御するという流れになります。これを最適化して、公道で運用できるレベルにまで引き上げようという作業もしています。

自動運転が実用化すれば、高齢者による事故などの問題は消滅しますし、免許のない人でも自動車を利用できるようになります。私たちも走行実験を進めていますが、いくつもの企業や大学が実証実験に乗り出しています。

AIが公道を自動運転する日

鳥海 お話を伺っていると、自動運転自体はけっこうできそうな感じもありますが、実用化するのはいつごろになりそうですか？
我妻 自動運転の実用化には、まだいくつものハードルがありますが、実用化がかなり見えてきたという印象があります。取材などでは、5年以内の実用化を目指すと答えていますが、法整備の問題や社会的認知が必要ですし、保険制度の変更なども必要かもしれません。したがって、実際に日本国内で実用化や運用が始まるのは、それよりもまだ先の話になると思っています。
鳥海 事故発生時の責任の問題などは、すでに議論されていますね。
我妻 はい。AIが判断するとき、その推論の根拠がブラックボックスのように、人間に認知も理解もできない場合は、責任を問うことが難しくなります。人間による推論の修正や追記などで対応することも難しいのですが、私たちは、融合ＡＩ開発により判断や推論の過程を可視化できるようにして、判断則の修正や更新が可能になるよう理論拡張しています。これにより、何らかの事故が発生したときには、原因究明が可能ですし、修正することも難しくありません。自動運転車同士の事故が発生しても、それぞれのＡＩの推論根拠が示されれば過失割合なども判明しますし、保険適用のための責任の所在も、明確になると思います。

現在の課題は、推論処理の高速化と、ＡＩの判断則が現実のドライバーの判断と整合性があるかどうかを検証することです。最終的には、熟練ドライバーの「かもしれない」運転を自動運転で実現することを目指して頑張っています。この技術がさらにレベルアップすることで、現実社会での運用が近づくものと思っています。

脳科学と人工知能。近いようで遠い二つの分野にまたがって活躍される我妻氏へのインタビューから、人間が持つ脳の機能の高さと、それを人工知能に実装することの難しさが感じられた。

一方で、そのような中でも自動運転に人工知能を導入しようとする試みには、脳の研究で培われた技術が確実に使われている。しかし、それは強いＡＩとしてではなく、あくまで弱いＡＩとしての人工知能、すなわち道具としてのＡＩである。

では、人の脳を模すことによって汎用的なＡＩを目指すことはできないのだろうか？　まさに、それを目指しているのが全脳アーキテクチャである。同じ脳を使ったアプローチでありながら、弱いＡＩを工学的に融合させて現実の要請に応えている我妻氏の自動運転技術の研究と、汎用ＡＩに向かう全脳アーキテクチャでは、脳や人間の能力について捉え方が異なるのだろうか。それについては次章で、全脳アーキテクチャイニシアティブ代表の山川氏のインタビューをご覧いただきたい。

全脳アーキテクチャ――汎用人工知能の実現

話し手・山川宏（やまかわ・ひろし） ドワンゴ人工知能研究所所長。全脳アーキテクチャ・イニシアティブ代表。専門は人工知能。とくに認知アーキテクチャ、概念獲得、ニューロコンピューティング、意見集約技術など。

山川氏は、汎用人工知能を実現する道の有力な一つと目されている全脳アーキテクチャ・アプローチを推進するNPO法人「全脳アーキテクチャ・イニシアティブ」の代表だ。その立場から強い人工知能と汎用人工知能の違いや、どのようにして人間の脳を参考に汎用人工知能を実現していく予定なのかを伺う。

山川　全脳アーキテクチャ・アプローチは、汎用人工知能を追い求める研究の本命と自負しています（笑）。

【全脳アーキテクチャ・イニシアティブ公式ウェブサイトより】

全脳アーキテクチャ・アプローチは、以下のミッション・ステートメントを掲げる研究アプローチです。

【ミッション・ステートメント】

脳全体のアーキテクチャに学び人間のような汎用人工知能を創る（工学）

全脳アーキテクチャ・アプローチでは、全脳アーキテクチャ中心仮説にしたがって、脳全体の仕組みに学び、機械学習を組み合わせた認知アーキテクチャを構築しています。

山川　ここで目指している汎用的な知能とは、「いろいろなタスクを、学習して解決できるようになる」というもので、性能比較においては満足できるレベルで課題解決を行える範囲の広さが評価基準になります。汎用人工知能は、人工知能の実用性にかかわる段階的な技術目標ですから、必ずしも「人と完全に似ている」ことを要求しません。ここで、全脳アーキテクチャ・アプローチでは脳を参考にして汎用人工知能をつくろうとしているので、開発を進めた結果として意識のような内部状態が組み込まれる可能性はあります。なぜなら、脳はおそらく何らかの情報処理の必要性からある種の意識を持っていると考えられるからです。

ところで、鳥海先生が本書で着目している「強いＡＩ」ですが、この言葉については長年の議論があります。私としては、もともとは哲学的立場を示す言葉であったと捉えています。もちろん「強いＡＩ」は、汎用人工知能という技術目標とは明確に異なるものです。また、私が考えているようなある種の意識の有無の点から、それが「強いＡＩ」であるか否かを議論するべきでもないと考えます。

認知アーキテクチャから汎用人工知能へ

鳥海　山川先生は、なぜ汎用人工知能の研究を始めたのですか？

山川　私は90年代後半ぐらいに自身の大テーマとしては「創造的知能」を設定しました。いまでいうシンギュラリティにつながるような、人工知能自身でより優れた人工知能を自己再帰的に発見するような技術をつくることを目標にしたわけです。

当時はその前の90年代前半に研究していた強化学習とオートエンコーダー・ネットワークを脳のような形で組み合わせることで、創造的知能にアプローチしようと模索していたのですが、研究は停滞気味でした。後から思えばやはり計算機のパワー不足だったのかもしれません。

私としては、やはり脳に学んで人工知能をつくるというのが、ずっと頭の中にあり、人間の脳はたくさんのオートエンコーダー・ニューラルネットワークと強化学習の組み合わせとしてつくれるのではないかと考えたわけです。

実はこれは一種の認知アーキテクチャでした。

認知アーキテクチャとは、センサー入力に対する出力を決定するサイクルを継続的に行うシステム全体の設計図を指す。そこでは機械学習をはじめとするさまざまな技術が組み合わせて用いられる。認知アーキテクチャの研究の成果は伝統的にはロボット・自動車・潜水艦などの自律的なエージェントに搭載される人工知能として使われていた。

山川　アメリカでは、70年代、80年代から軍関係で研究されていた分野で、DARPA（アメリカ国防高等研究計画局）の周辺では、ある程度継続されてきているようです。

鳥海　認知アーキテクチャには具体的にどんなものがあるのですか？

山川　元祖ともいえる認知アーキテクチャにACT-R（Adaptive Control of Thought-Rational・思考の適応制御─理性）というものがありますが、これはカーネギーメロン大学のジョン・R・アンダーソンという人が70年代初頭に創始し、現在まで継続して研究が行われています。

これは、人間を模したシステムでさまざまな認知的課題を解くことを実現している記号ベースの認知アーキテクチャの一つです。簡単なものであれば、数学の問題を解いたり、ゲームをプレイしたりできます。ある時期からは脳の大局的な神経活動との対応づけを行う研究もなされています。

こうした認知アーキテクチャは、どうしても大規模なシステムとなるため、一旦ある方向性で思想を決めて動き始めると、大きな方針変更は困難になるという研究上の特性があります。ほかにも古典的な認知アーキテクチャで有名なものとしては、1983年に作成されたSoarがあり、最近も更新され続けていると思います。

鳥海　日本でも当時は認知アーキテクチャの研究が盛んだったのですか？

山川　日本の人工知能学会の全国大会では、90年代には「人工知能アーキテクチャ」というカテゴリーがありましたが、2000年代にはほぼ消滅しています。そこで2004年ごろ、認知アーキテクチャを研究する集まりをつくろうと、市瀬龍太郎先生（国立情報学研究所）をはじめとして、強化学習系では荒井幸代先生（千葉大学）、BDIアーキテクチャの新出尚之先生（奈良女子大学）、高田司郎先生（近畿大学）らと認知アーキテクチャの研究会を開いたことがあります。しかしそれも長続きせず、国内には認知アーキテクチャの専門家が育たない状態が長く続いてしまいました。

鳥海　確かに私が人工知能学会に参加し始めた2000年代にはほとんど見たことがありませんでした。

山川　その後2012年に、イギリスのオックスフォード大学で開催された、AGI（Artificial General Intelligence）の国際会議に参加し発表もしました。そこで、AGIをつくる側だけでなくAGIの影響やインパクトについて考える側の会議が併設されていました。そのインパクトについての会議において、オックスフォードのニック・ボストロム教授の話などを聞くに至りこの問題の重要さについての認識を強くしました。帰国後すぐに市瀬先生と相談し始め、このような知能を日本では汎用人工知能とよぼうといった話をしたのが、2013年の春ごろです。

汎用人工知能という言葉がAGIの訳語として利用されるようになったのは、それ以降ということになります。

鳥海　汎用人工知能には認知アーキテクチャが欠かせないわけですね。

山川　そうです。汎用人工知能の分野では、認知アーキテクチャ研究は主流であり、汎用人工知能の国際会議においては半数ぐらいの発表は認知アーキテクチャにかかわるものです。

認知アーキテクチャは、さまざまな事象が起こることが想定される場面への利用が考えられています。

ですから、認知アーキテクチャには、汎用性を追求してきた面があります。ただし、20世紀の段階では、機械学習技術が十分に育っていませんでした。ですから一つの認知アーキテクチャという枠組みのうえでさまざまなタスクをこなせるように標準的に知識を設計する形で汎用性を目指していました。つまり設計ベースでの汎用性が中心的な研究でした。

鳥海　いろいろな場面で使えるアーキテクチャを人間が設計しておくということですね。

山川　身近な認知アーキテクチャとして自動掃除ロボットのルンバに組み込まれたサブサンプション・アーキテクチャがあります。ルンバもお掃除にかかわる範囲ではさまざまな状況に対応できる。畳でも絨毯でも床でも、それなりの高い能力を発揮します。ですが、部屋の形や、タンスやテーブルなどの家具は部屋により違いますし、こうした例外をすべて想定して対処するためのプログラムをつくることはできない。ですからルンバは、しばしば家具のくぼみや電源コードなどに引っかかってスタックしてしまいます。こういうときにこそ汎用性の高い知能が欲しいわけです。

鳥海　うちのルンバくんも朝大学に来るとよく力尽きています（笑）。

山川　ルンバならまだよいですが、月や火星に送り込んだ自動の月面探査車が、簡単に小さな障害物で動きを止められたら困るわけです。

鳥海　実際にはけっこう動かなくなったりしているみたいですが……。

山川　汎用人工知能の開発者としては、極力そうならない知能をつくりたいわけで、現状での汎用性は明らかに不十分ですね。汎用人工知能はイレギュラーな出来事に対処できてこそ意義があります。なぜなら事前にありとあらゆる事態を想定することは不可能です。ですから、事前に想定して対応策を考えるのではなく、ある程度の範囲で想定外の出来事が発生したとき、柔軟に対処するために、より汎用性の高い知能が必要なのです。

こうしてみると汎用性は、生物が個体として生き残るためには必須の能力です。環境が変化して予想外の事象が発生したとき、生き残るために創造的に問題を解決する必要がありますね。

汎用性を実現するアプローチ

鳥海　となると、人間が作り込んで汎用性を実現するというのは難しそうですね。やはり学習によって汎用性を人工知能に持たせるのでしょうか。

山川　学習は大事ですが、それだけともいえません。機械学習の視点から見ると、結局のところ、汎用性というのは昔からいわれている、「データが少ない状況でどう対処するか」という問いに戻ります。なぜなら、いろいろな領域に使用できる汎用性の本質は、例外的な出来事など、データが不十分なときやデータがない事象にどう対処できるかということだからです。逆に、すべての状況がデータで埋め尽くされているなら、もはや例外は存在しないのでそれで十分ということになります。

汎用性という性質が残された主要な課題として浮上してきた背景には、データが十分にある個別の問題ではディープラーニングなどによって解決されるケースが多くなってきていることがあります。たとえば画像認識でいえば、ディープラーニングが登場する前は、一般物体認識は難しいものでした。このように、以前は特定の課題、特定の知的能力においてすらさまざまな難問がありましたが、それが解消されたことで、現在はデータが不足したときでもどうにか対処することが主な課題となってきたわけです。

鳥海　データさえあれば何とかなるようになってきたので、次はデータがないときにどうしようかというフェーズになったわけですね。

山川　端的にいえば、機械学習は入力と出力の関係をデータから学習するものです。ですから、それ以前に入出力となる枠組みを決めておく必要があります。道具として機械学習を利用する限りにおいては人間がその枠組みを設計すればよいのですが、月面探査機に組み込まれた汎用人工知能が新たな問題を解決する場合には逐一人間がその設計を行うことはできません。

鳥海　「宇宙戦艦ヤマト」では、ピンチに陥ると真田技術長が出てきて「こんなこともあろうかと」と新機能をお披露目していたわけですが、そんな都合のよい話にはならないわけですね。

山川　そういうことです（笑）。今後は、枠組みを与える仕組みとしての認知アーキテクチャと機械学習が結び付くことによる進展があると期待しています。ある意味で、近年になりディィープラーニングなどが進展したことにより、ようやく自ら学習することで多様な問題を解決するという学習ベースの汎用性という目標にトライできるようになったともいえます。

伝統的に推論には、帰納推論、演繹推論、アブダクションの三種類があると考えられています。

帰納推論とは、個々の情報に基づいて一般的事象を導き出す推論である。たとえば、「最初に見たカラスは黒い」「次に目たカラスも黒い」「その次に見たカラスも黒い」……という情報から、「カラスは黒い」と結論づけるような推論である。

一方、演繹推論とは、一般的な前提から個別の結論を得るための手法である。演繹の代表としては三段論法がある。「人はみないずれ死ぬ」という前提と「ソクラテスは人である」という小前提から「ソクラテスはいずれ死ぬ」という結論が導き出される。この結論は、前提が覆されない限り必ず成り立つ。

最後に、アブダクションは仮説形成ともいわれ、ある事実があったときその事実を説明する仮説をつくるための推論法である。たとえば、「傘を持って歩いている人を見かけた」という事実に対する説明として「天気予報で雨が降ると予想されると人は傘を持って出かける」という法則を用いて「今朝の天気予報で雨が降ると言っていた」という仮説をつくることができる。これがアブダクションである。なお、「昨日使った置き傘を持って帰るところである」という可能性もあるように、アブダクションによる推論は演繹的推論とは異なり、正しいことが保証されない。

山川　伝統的な認知アーキテクチャは人が設計した知識を組み合わせる演繹推論を利用していました。これに対して多くの機械学習はデータから規則性を導く帰納推論であり、こうした推論ではデータが少なければ良好な問題解決は図れません。データが少ない場合は、必然的に演繹推論を組み合わせる必要があります。

ここで、認知アーキテクチャこそが、この二つの推論を結び付ける架け橋になり得ると考えています。

再利用しやすい知識を機械学習で獲得する

鳥海　いまの機械学習はだいぶ進んでいますが、そこで得られた知識に対して演繹的推論を行うことはできないわけですね。

山川　機械学習で獲得した知識に対して演繹推論を行いやすくするには、得られた知識が組み合わせて再利用しやすいものである必要があります。組み合わせられるということは、分解されているものということでもあります。

たとえば、私たち日本人は、ポストといえば赤いポストしか見たことがありませんが、ポストの形をしたものがあれば、それが白かったとしても、そこに手紙を投函すれば送り先に届くだろうなと考えます。これは、私たちが知識としてポストの形、サイズ、色、郵便の仕組みなどを分解されたうえで理解しているからです。ですが、現状ではディープラーニングなどの機械学習で獲得したものは、あまり分解ができていません。

鳥海　ディープラーニングでポストを認識できるよう学習しても、色が変わってしまえばポストだと認識できなくなりますからね。

山川　分解するということについては、ディセエンタングル（disentangle・もつれをほどく）という言葉がありますが、近年は情報のもつれをほどくというような研究が行われていて、オートエンコーダー・ニューラルネットワークの発展版では、そういうことが可能になり始めています。

たとえば、ブロック崩しというゲームがあります。ある人工知能は、ゲームの画面を見せるだけで、ボールの位置、パッド（ボールを受けて反発させるラケット）の位置、点数などの独立した要素を、自動的に分解して理解してしまいます。

そういった技術が進歩してくると、それらの組み合わせで得られる状況に対しては、事前にそのものずばりの経験やデータがなくてもある程度の推定が可能になってきます。

これは、技術領域としては、ワンショットラーニングとかゼロショットラーニングとよばれているもので、少ない体験のもとでもよい推論結果が得られる仕組みです。松尾豊先生がよく例に挙げていましたが、私たちは、シマウマという言葉を聞くと、実際にそれを見たことがなくてもシマウマをイメージし、初めて本物を見たときにそれがシマウマだと瞬時に認識できてしまいます。これがゼロショットラーニングです。

こうして帰納推論で得られた知識を、分解して組み合わせることにより、演繹推論のような形に発展させていくことが推論能力の向上につながります。今後こうした方向で汎用人工知能の能力は大幅に向上すると考えています。

すでに汎用性を実現している脳に学ぶ

汎用人工知能の実現には、いま流行している大量データに基づくディープラーニングのような帰納的推論と、認知アーキテクチャを用いた演繹的な推論処理が必要となる。では、全脳アーキテクチャではどのようなアプローチによって汎用人工知能を実現しようとしているのだろうか。

山川　認知アーキテクチャについては、長年にわたりさまざまな研究が行われきたことはすでに述べましたが、どんな認知アーキテクチャが汎用人工知能に到達し得るかはわかりません。ですから、汎用性の高い人間の脳が持つアーキテクチャを参考にするのは自然なアプローチではないでしょうか。これまでは神経科学の知見が不十分でしたが、ここ数十年の発展は著しく、知見が急速に蓄積しています。

鳥海　最近は参考にすべき脳のアーキテクチャについて、だいぶわかってきているようですね。

山川　そうです。たとえば、脳内の接続構造はコネクトームとよばれ、中でも認知アーキテクチャに相当するのは比較的粗いレベルであるメゾスコピックとよばれるレベルのコネクトームです。これを参考にすれば脳全体を数十~数百個程度の機械学習が連結されたソフトウェアとみなせるわけです。

こうした脳全体の結線構造であるコネクトームはここ5年ほどで急速に知見が増えている分野です。これなくして脳を参考にしてアーキテクチャをつくりましょうといってみても単なる夢物語だったと思いますが、現在はまずは齧歯類において大きく研究が進んでいます。今後さらに霊長類や人の情報も増えていくでしょう。

鳥海　確かに、人間の脳が汎用性を持っているのだから、それを学ぶことで汎用性を持ったアーキテクチャを実現できるということはわかります。しかし、人間の脳が必ずしも最適な汎用人工知能とはいえないのではないでしょうか？

たとえば、人間が空を飛びたいと思ったときに鳥の翼を実現するよりもジェットエンジンをつくったほうがより速く効率的に飛べるわけですが、そのようなことは汎用人工知能にはないのでしょうか？

山川　当然ながら汎用知能を実現し得るアーキテクチャは、脳型アーキテクチャ以外にもあるでしょうし、進化的な制約に縛られている脳型は汎用知能の性能面から見てベストではないでしょう。しかしながら、唯一存在する汎用知能のアーキテクチャの実例が脳である以上、現段階においては、それをまねしない手はないと考えています。

とくに脳が学習を通じて分解して蓄積した知識をいかに柔軟に組み合わせているのか、そのマネジメントをどうやっているのかなどのメカニズムはぜひとも学びたいポイントです。

こうして汎用知能の実現に向けた技術的なヒントを脳から得られる可能性がある点も全脳アーキテクチャ・アプローチの強みです。つまり脳に寄り添って汎用人工知能の開発を進めることで、開発が加速し得るわけです。

鳥海　なるほど。すでにある汎用人工知能をまねれば、いまわかっていないメカニズムがわかるようになるというわけですね。

ちなみに、脳の機能を再現するうえで構成論的なアプローチを用いるようですが、それでつくられたアーキテクチャは脳そのものと同じとは言い切れないのでは。

山川　その点は仰せの通りです。私たちは、脳そのものをつくりたいわけではありません。汎用人工知能をできるだけ早く作り上げることを目標としており、脳の構造や情報処理を参考にするのはそのための手段です。

その点では、どの程度詳細まで、脳に似せれば脳と同じような情報処理ができるのかということは、全脳アーキテクチャ・アプローチの完成時期にとって非常にクリティカルな問いになります。なぜなら脳を詳細にモデル化しようとするほど、より詳細なレベルでの神経科学の知見が必要となりますし、それを実装した計算モデルを動かすために求められる計算資源も膨大になっていくからです。

実はディープラーニングの進展は、この点でも朗報をもたらしました。とくに重要な成果として、サルが物体を認識するときの脳の働きを、ディープラーニングで再現するという研究があります。CNN(Convolutional Neural Network)である程度似せてつくっておいて、性能を上げていくようにトレーニングすると、サルの脳の活動とニューラルネットワークの活動が似てくるということが、ここ数年で明らかになりました。

つまりディープラーニングに使われているようなかなり粗いニューラルネットワークモデルであっても、脳と似たような計算機能を発揮できたわけです。ですから大脳新皮質の計算機能全般が人工ニューラルネットワークの粒度でも実装できる可能性が大幅に高まったわけです。

大脳新皮質、大脳基底核、海馬、小脳の機能

鳥海　大脳新皮質という言葉が出てきたところで、全脳アーキテクチャがお手本としている脳の機能についてお聞きしたいと思います。

人間の脳はいくつかの器官から構成されていましたが、それぞれどのような働きをして、汎用人工知能とどのような関係にあるのでしょうか?

山川　ここまでディープラーニングと関連づけて述べてきたのは主に大脳新皮質についてでした。高次の脳機能にかかわる主な脳器官としては、それ以外に海馬、大脳基底核、小脳があります。少なくとも魚より高等な脊椎動物はこれらの構成要素を含む同様の脳アーキテクチャを持っています。

鳥海　人間に限らず、ある程度以上に知的な生物であれば皆持っている器官ですね。

山川　まず人間の脳においてとくに発達し、知能の汎用性とかかわる大脳新皮質についてお話ししましょう。

そもそも汎用人工知能とは、万能の神のように最初から何でもできるのではありません。経験を通じて学習することで環境内の多様な課題に特化して性能を上げるポテンシャルを持っているのです。そして個々の課題についての能力を高めていく様子は現在の機械学習とほぼ同様ですが、ほかの課題での経験をうまく流用することもできます。

人間の脳においては主に大脳新皮質が個別の課題に特化していく役割を担っていると考えるのが妥当そうです。というのも、大脳新皮質は数十個の領野で構成されていますが、局所的にはどの部位においてもおおむね同じような回路構造を持っています。私たちはそれらの領野の働きが共通の機械学習アルゴリズムで記述し得ると考えており、大脳新皮質マスターアルゴリズムともよんでいます。

こういう前提のもとで脳型人工知能を構築していくとすれば、大脳新皮質の個別の領野で発揮される計算機能は、脳の全体的なコネクション(コネクトーム)においてどのような位置を占めるかによって決定されることになります。

鳥海　似たようなアルゴリズムを持った部品が多数あって、全体とのつながりに応じて何をするかが決まっていくということですね。

山川　つぎに、大脳基底核は、いってしまえば脳内で強化学習を実行している器官です。

強化学習のアルゴリズムは、報酬を予測する機能と、予測された報酬のよし悪しに基づいて行動を強化する機能の二つから構成されています。これは機械学習においてはスタンダードな技術です。このアルゴリズムでは見込まれる予測報酬を計算し、それに基づいて選択する行動を変化させる仕組みが組み込まれています。

90年代以降の神経科学においてこの仮説は検証が続けられており、大脳基底核が報酬を予測していることはほぼ間違いないでしょう。

鳥海　大脳基底核で「こうするとよいことがありそうだぞ」という判断をしているということですか。高等な哺乳類は大脳新皮質を発展させていますが、大脳基底核はどの動物も発達させているということは、やはり学習を促進する機能は生物にとって重要なのですね。

山川　海馬という器官は、ネズミのような小型の哺乳類でも顕著に発達しています。

海馬はエピソード記憶の器官でしたっけ。

山川　海馬では、視覚や聴覚や触覚で得た情報を脳内で統合し、暗闇の中でも自分の位置などを認識する認知地図の機能を実現しています。おそらく初期の哺乳類は、この能力を使うことで夜の世界に進出したのかと思います。

脳の中で認知地図を構築できるというのは、情報を統合することで得られるメリットです。実際にネズミの海馬では場所細胞というものが知られており、比喩的にいえば東大の赤門なら赤門に対応する細胞が存在します。これは、その場所のみでその特定のニューロンが発火し、そこが特定の場所であることがわかるといったものです。

人間において海馬は、主にエピソード記憶、つまり比較的最近あった出来事の情報を扱うと考えられており、ネズミの場合と同様にいま自分がどこにいるかを認識する役割も果たすと考えられています。海馬の機能のもう一つの重要な側面は時間的な順序情報を与えることです。海馬はこうした機能を実現するために時間を明示的に扱う機構を持っています。おおむね0・2秒程度の周期でぐるぐると回っている回路があり、歩いたりしているときはこれが動いていて、外から入ってくる情報をサンプリングしています。そして海馬の中ではサンプリングした5周期ぶんの情報を時間的に10分の1くらいに圧縮して時系列を扱うことができます。

こうして海馬は時間と位置の情報を含んだ自分自身の状況を包括的に認識しているのです。真っ暗な迷路の中でも、意外と人はどこをどう動いていて、だから自分はここにいるといったことを理解できているものですが、これは海馬の働きに負っています。つまり、海馬の主要な働きは、時間と空間を統合して認知することにあると考えられます。

鳥海　画像だけでいえば、5枚の静止画を並べて、10倍速の一つの早送り動画にしているような感じですね。

山川　その点で、大脳新皮質とは異なります。大脳新皮質でも時間的情報を扱えますが早送りする機能はありません。

そして大脳新皮質は海馬とは異なり、学習が比較的遅いのですが、逆にいえば長期的に変化しづらい知識を選び出して蓄えているともいえます。たとえば、猫というのはこういう漢字であり、英語では cat と書くといった情報は、すぐには記憶することはできません。学校で習ったことを定着させるために復習をしますが、復習をしないと忘れてしまうのは、記憶が大脳新皮質には容易に定着されないからです。

こうしてみると、いまどこにいるのかといった、すぐに必要なエピソード記憶は海馬が担当して、海馬の機能によって思い出すことも含めて、その情報が繰り返されると、今度はそれが長期的に安定した知識として大脳新皮質に定着して蓄えられるのかと思います。

鳥海　大脳新皮質は高等生物ほど発達しているということですから、海馬より高度な知能を司っているということですね。

一方、小脳は運動を司っているんですよね。

山川　小脳は主に動作を滑らかに制御するために働く回路と考えられています。ここまで見てきた大脳新皮質ではさまざまな領野の連携で処理を行うため、反応するまでの時間が一定ではありません。

ですが、実際に体を動かして行動するときには反応時間を一定に保つ必要があります。手で何かをつかむときなどのフィードバックループの遅れ時間は一定時間でなければ制御は困難です。ですから、小脳においては入出力の間に存在するニューロンの数が一定なるような神経回路を持ちます。おそらくは、こうして遅れ時間を固定化して滑らかな制御を可能にしているのでしょう。

鳥海　スポーツでは反復練習が重要といわれていますが、小脳のどういった仕組みでそうなっているのでしょうか。

山川　体を動かそうというとき、たくさんの計算をして、その中で関係するもの、うまくいくものだけを選んでいくような仕組みを持っています。小脳は細胞数が膨大で、一千億個ほどの神経細胞があります。これだけの数が必要となるは、さまざまな運動パターンに応じて体の多くの部位の動かし方の一つひとつを、詳細に記述しなくてはいけないからなのかもしれません。

鳥海　一千億はすごいですね。それらの中に、個々の動きに特化した細胞があるわけですね。

山川　また小脳は、基本回路がロングターム・ディプレッション（長期抑圧・長期抑制）とよばれる働きをしています。新しい動作を習得しようとする際は、小脳の中の多くの部位が活動するのですが、それが次第に、うまくいくもの、必要最小限の動きに合致したもののみが残されるという大きなスイッチ文のようなアルゴリズムになっています。

鳥海　特化した部分を汎用的につくっていくというイメージでしょうか。人間の脳はよくできていますね。こういった脳の機能は遺伝子によってあらかじめ設計されている部分と学習によって得られていく部分があるわけですよね。

山川　機械学習を本格的に取り込んだ認知アーキテクチャにおいても、どこまであらかじめ設計し、どこからを経験からの学習で形づくる部分とするかは、設計上の重要な判断です。

脳型にすることにより、この点においても大きなヒントを得られます。すでに述べた、大脳新皮質、大脳基底核、海馬、小脳において共通していえることは、その内部ごとには標準化された汎用部品の繰り返しでつくられていることです。そして、こうした汎用部品を、学習させて特化させるという仕組みを採用しています。個々の脳器官において構造が標準化されているので、その仕組みがわかってくると、一気に理解と開発が進むことになります。すでに小脳については猫の脳くらいの規模でのシミュレーションが山﨑匡生先らによって可能になっています。

こうした脳器官の標準的な神経回路を機械学習アルゴリズムとして実装できるようになればその後で、汎用性の高い計算機能を発揮するうえで重要なことは、脳器官や領域などを結び付ける大域的な接続構造となります。その構造の設計において脳のコネクトームを参考にするのが全脳アーキテクチャ・アプローチの特徴です。

感情、情動は再現が難しい

山川　これとは別に、脳を参考にするにはどうしても設計図を網羅的に理解する必要がある部分もあります。それは主に情動にかかわる部分で、たとえば大きなものが近づいてきたら恐怖を感じて逃げるといった情動や、赤ちゃんの段階ではお腹が空いたら困って泣くといったことです。これは生存の根本にかかわるため、学習で身に付けるのではなく、生まれた段階からしっかりと作り込まれているわけです。

鳥海　赤ん坊が、お腹が空いても泣かなかったら大変なことになってしまいますね。

山川　生物において、これらは進化を通じて形づくられており、学習によって獲得する割合は少ないでしょう。

　他方で情動は、それほど複雑な機能を果たしているようには感じられない部分もあります。しかし神経回路のネットワークを眺めてみると下町の路地のように入り組んでいる。おそらくすべての道を歩いてみないとどうなっているのかわからない。これは大脳新皮質などの回路が京都の町割りのように整備されているのとは対照的ですね。

鳥海　進化のプロセスで生き残った回路で、結果としてそうなっているわけで、なぜそうなったかはわからないと。

山川　そうですね、試行錯誤的に形づくられてきた結果として複雑怪奇なことになっているのでしょう（笑）。そうなると神経科学からの理解においてもまだ時間がかかりそうです。もしかすると、進化シミュレーションのようなことを繰り返し行って、人工的に感情を作り出すほうが早道かもしれません。

鳥海　情動をつくるために、それが形成されたプロセスを追いかけることを目指してシミュレートするということですね。

山川　情動は、その生物の置かれた外的環境に依存するので、環境とペアにした進化シミュレーシコンになります。ただし、これでできた上がった回路は人間の脳とはまったく同じではないと思います。

鳥海　同じ環境を与えても、人間とは異なる情動を生み出すものになることもあり得ますね。

山川　このあたり、ある程度は人間の情動に近づけることは可能と思いますが、まったく同じものを進化シミュレーションでつくるのは難しいでしょう。

羽生氏のインタビューの中でも恐怖心を抱く将棋AIという話が出てきたが、恐怖心という感情を持つ人工知能は案外つくるのが難しそうである。

NPO法人全脳アーキテクチャ・イニシアティブ

鳥海　ところで山川先生が代表を務める全脳アーキテクチャ・イニシアティブは、全脳アーキテクチャ・アプローチとどうかかわるのでしょうか。

山川　まず最初に、NPO法人であるWBAI（全脳アーキテクチャ・イニシアティブ）が基本理念の中で掲げているのは「人類と調和する人工知能のある世界」を目指すというビジョンです。

ここで開発を促進している技術はまさに汎用人工知能です。汎用人工知能は当然ながら人工知能研究者や人工知能エンジニアになることもできます。一旦そのレベルの汎用人工知能ができ上がってしまえば、自ら知的能力を高めてゆく。もし仮に初めにできたものが人類に敵対するような存在であるなら、最悪の場合は人類の未来が奪われかねない。ですから、最初期の汎用人工知能は全人類にとって優しい公共財でなくてはいけないわけです。

これを実現するために、基本理念において「全脳アーキテクチャのオープンな開発を促進する」というミッションを掲げています。ここで目指しているのはヒューマン・フレンドリーな汎用人工知能を全人類の公共財とするために、脳全体に学んだアーキテクチャ上でのオープンな共創を継続的に拡大することです。つまり、全脳アーキテクチャの開発を多くの人々とともに行うことを推進し続ければ、結果として汎用人工知能が特定の組織のみに所属しない公共物となりやすいだろうという考えに基づいています。

技術的に見て、全脳アーキテクチャ・アプローチは、脳全体のアーキテクチャ上で技術を統合するので、分散共同開発を行いやすいでしょう。つまり、あなたは大脳新皮質上の視覚野の研究を担当し、あなたは海馬を……といったように、器官や機能ごとに分担を決めることができます。

その状況を作り出すために、私たちＷＢＡＩは、機械学習を載せていくためにコネクトーム情報を利用したソフトウェアプラットフォームを構築しつつあります。

こうしたオープン・プラットフォームで汎用人工知能の共同開発が進めば、完成した汎用人工知能を人類全体の公共物としていけるだろうというのがＷＢＡＩの方針です。

鳥海　そうした基本理念は世の中にとってよさそうですね。でも、共同開発という形で、開発はうまく進むのでしょうか。

山川　脳を参考にするというのは、開発を行う立場から見ると一種の制約ですから、見方によっては足枷ともいえます。

しかし脳型の認知アーキテクチャは大きなシステムです。個別につくられた部品を最後に統合してゆく必要があり、その際にさまざまな研究開発がバラバラに進んだ場合には、最終段階での技術統合が難しくなるでしょう。

参考とすべき脳というくくりがあれば、開発上におけるさまざまな仕様決定において脳に近い方を選べばよいわけです。こうして目指すべきアーキテクチャが共有できていれば共同開発の発散をかなりの程度抑えることができます。すると開発の終盤における技術統合が比較的スムーズになるはずです。

鳥海　いわば工業部品の規格を統一するようなものですね。

そういえば、「汎用人工知能は全人類にとって優しい公共財でなければいけない」とおっしゃっていましたが、「優しい公共財」というのはどのようなものですか？

山川　優しいという言葉には、汎用人工知能が人間と共存するときに必要な親和性の点から二つの意味を与えています。

一つには、人工知能の思考過程が周囲の人間にとって理解できることによって、人に優しいといえるという観点です。つまり人間らしい思考を行う人工知能であれば、たとえ人間の能力を超えていても比較的理解しやすいでしょう。たとえば将棋のトッププロの指し手が一般の棋士からは理解しがたいとしても、同じ人間の考えることと思えれば多少は想像がつく部分があるだろうということです。

次に、人工知能の振る舞いが人間と似ていること自体が、周囲の人間にとって優しいといえるという観点です。つまり人工知能が持つ価値システムを脳に似せてつくれば、倫理的に複雑な判断を必要とするような想定外の状況や緊急の状況において、人間と同じように振る舞うことが期待できます。

今回、鳥海先生が注目している「意識」という点からいうと、上記いずれの観点から見ても、人工知能が意識を持ったほうが人間にとっては優しいといえそうですね。

人工知能の意識

鳥海　ずっと汎用知能＝強いＡＩだと思っていましたが、お話を伺っていて、これは違うものだなと思い始めていたところです。その意味でも、全脳アーキテクチャの立場から「意識」というものをどう捉えているのか、教えてください。

山川 最初にも言いましたが、私たちが目指しているのは、学習を通じて多様な課題を解決できるようになる「汎用人工知能」です。ですから強い人工知能の観点から時によって取り上げられる「意識」の有無は原則的には無関係ということです。

一方で私は、脳というハードウェアもしくは脳型の人工知能アーキテクチャがもたらす制約の中において知能が汎用的であるためには、ある種の意識に近い心的状態を機能的な要請から持つようになる可能性は高いと考えています。

鳥海 意識がなければ汎用性は持てないということでしょうか。汎用性と意識がどうつながっていると考えているのですか?

山川 意識がなくても汎用性を持つ機械は存在し得るでしょう。しかしある程度まで脳に近い形で汎用人工知能をつくった場合には意識のような心的状態の導入が有効になり得るということです。脳とか、ニューラルネットワーク系のものにおける情報表現はいわゆる分散表現です。あるニューロン、もしくはニューロン群が猫という概念を表現しており、それらが活動することで猫の存在を表します。ただしそれが猫だという意味づけはネットワークの中でどこに位置するかによって決められるので、その猫ニューロンだけコピーをしてもあまり意味がありません。たとえば「走っている猫」という概念を表現するには、「猫」の概念と「走っている」の概念を結び付けた形で脳神経を活動させる必要があります。これをバインディングといいます。

こうして、「死んでいる猫」、「青い猫」、「飛んでいる猫」、「こたつの中の猫」とか、どの表現をするときも、その猫ニューロンをほかの概念と結合（バインディング）して使うことになります。

さらに、分散表現としてバインディングする情報としては、過去／未来、自分／他人、事実／うそ、などのように、抽象的な情報が含まれることもあるわけです。この場合には、「昨日の猫」とか「あなたから見える猫」とか「想像上の猫」などといったことも組み合わされてくることになるでしょう。

鳥海　脳内には猫が一匹しかいないが、その組み合わせでいろいろな猫が登場するわけですね。

山川　知能が汎用的であるためには、すでに蓄えている知識を効率的に組み合わせて問題を解決する必要があることはすでに述べました。ここで知識を柔軟に組み合わせるということは、目的に応じて連携させる知識を制御するということです。脳においてはさまざまな知識が、脳内のさまざまな部分に分散して保持されています。ですからバインディングを行うことが必要になってくるわけです。

「走っている猫」をリアルに思い浮かべる場合には、ここで「猫」と「走っている」の二つの表現をバインディングすることになります。猫にかかわる概念は脳内でユニークなので「走っている猫」と「寝ている猫」を同時に思い浮かべることはできません。それゆえ複数の表現をバインディングする処理はシークエンスにならざるを得ません。つまり、このある瞬間には一つしか存在し得ないバインディング状態が意識であると考えられます。

つまり、脳型人工知能が汎用性を持つには、脳内に分散した知識を柔軟に組み合わせるための、各時点では一つのバインディング状態を持つ必要があり、そのバインディング状態の系列を意識の一種と考えています。この場合の意識は、ある時点において関係しているものを結び付ける注意みたいなものです。

鳥海　「猫」が「寝ている」と結び付けることが意識である、と。

山川　意識研究で最近話題になっている情報統合理論というものがあります。これを提唱しているジュリオ・トノーニの理論では、多くの情報を統合する能力を持つシステムに、意識が発生するとされています。

脳の中の複数の領野の総情報量が高くなっているときや、結び付けられているときが、意識状態であると。これは私が考えるバインディング状態としての意識の現象的な側面になっているかもしれません。

鳥海　複数のことを同時に統合して考えていることが意識であるというのは、いままで聞いた中で一番物理的な定義ですね。

山川　そうですね。こうした考え方を取ると、意識を脳内の神経活動と対応できるメリットがあります。とはいえ、このトノーニの理論はいまも修正や変更が繰り返されているようで、まだ確立したものではありません。

いずれにしても意識という言葉は多面的に意味づけされており、これ以外の捉え方もされていることを忘れてはなりません。

鳥海　山川先生のいうバインディングのための意識があるという前提で考えると、個人を超えてみんな似たようなものを持っていそうですね。つまり、人類共通のモジュール、構造を、遺伝的に受け継いで持っていると考えてよいのでしょうか。

山川　脳の構造について考えると、大脳新皮質の領野間の大域的な結合構造は各個人の間に大きな違いはなく共通性が高いです。たとえば視覚や聴覚では大脳新皮質のどこに入力情報が入って深い処理へ進むのか、といった脳内での経路の大ざっぱな配置については個人差がそれほど大きくありません。これは視覚でいえばディープラーニング上のどのレイヤー、つまり大脳新皮質のどの領野が、物体認識においてどんな表現を扱うのか、といった主にアーキテクチャとして決定される構造ですね。

しかしより詳細に見て、個別のニューロン間の結合構造は学習で決定しますので、個人差が大きいと思います。

情報処理を行うための知識なり構造なりが、どこまで事前に埋め込まれているかという話に関連して、言語理論の分野における長年の議論に触れておきます。ノーム・チョムスキーにより提案された生成文法という考え方があります。初期のアイデアにおいては生得的に組み込まれる情報がリッチなものだったようです。しかし次第に、言語を計算とみなすことで、比較的少ない作り込みによっても言語機能を実現できる極小主義プログラムという方向に進んで来ているようです。

こうして、ある知的機能を実現するために事前に作り込む機能や情報が小さくなるほど、それが人間の脳において生得的である、つまり遺伝子の上に保存し得る可能性は高まります。

鳥海 生得的であるということは、大脳新皮質による汎用性というのは、後天的な学習によるものではないということですか？

山川 それはある程度はそうです。人間同士は互いにかなり似ています。ですから大抵は同じように発達・成長し、同じような社会システムの中で生活できます。当たり前ですが、脳が行う情報処理においても遺伝的に制御された情報により、特定の種ごとに定型的に形づくられる部分が大きいわけです。

しかし同時に、大脳新皮質で後天的に学習されるものは基本的に外部世界に関する統計的な情報、つまり経験の中でよく起こることとして蓄えられた知識ですね。経験は人によって違うので、それに基づいて具体的に生まれてくる意識の状態は当然ながら個人ごとに異なるものになります。

生物における知能の進化を人間に向かう形で並べると、次第に汎用性を高めてきています。人間は環境の変化への柔軟性を高めるために、より未熟な段階で生まれるよう進化しているという見方もあります。とはいえ、人間においても私たちの身体とそれを取り囲む3次元の物理空間という制約の範囲内において汎用性を高めてきたわけで、その意味では特化しているわけです。

鳥海 なるほど、生得的に得られている汎用性のうえに、個人ごとの経験から特化した知能がつくられていくわけですね。となると、個々人で少しずつ異なる大脳新皮質上に載っている意識は、当然それぞれ異なるわけですね。

山川 近年の神経科学の研究で、人が何らかの作業を行っていたり安静にしていたりする際でも、神経活動を測定すると、個人によってその活動の関係性に違いがあることが明らかになっています。極端な話、同じ人でもカフェインを摂取するとその関係性に変化が起こるわけです。

鳥海 コーヒーを飲むと落ち着いて物事を考えられるようになるってことですかね。アルコールを摂取するともっと変化しそうです（笑）。

山川 私が考えている意識についての仮説は、大脳新皮質上の分散表現に蓄えられた情報をバインディングする実現手段としての意識です。

この仮説にさらに付け加えるとすれば、意識についての重要な側面として、人は自分が考えていることを内観することもできます。これはおそらくある時点の意識を、一段メタな視点から捉え直すことができる能力です。人は何かを思い浮かべる際に、その確信度を見積もることもできます。少数の動物にしか行えないプランニングなどの能力の背景にはこうした仕組みがあると考えられています。

私としては、こうしたメタな認識を支える仕組みも大脳新皮質上に存在すると考えています。

鳥海　メタな認知が重要であるというのはよくわかります。しかし、どういった神経ネットワークがメタな視点を実現しているのでしょうか。

山川　大脳新皮質上のさまざまな領域間の情報伝達を中継する視床の役割が大きいのではないかと考えています。大脳新皮質をモニターする部分が存在すれば、それは、自分がいま何を考えているかをメタ的に捉えていることに相当するはずです。

鳥海　全脳アーキテクチャ・アプローチでは、視床や前頭葉に相当するものもつくり、脳全体の動きを観察し把握するようなネットワークをつくる。その結果として意識のようなものを生み出すと考えてよいのでしょうか。

山川　私たちのアプローチでは、脳はあくまで参考ですが、脳がある種の意識を持っているとすれば、このアプローチが進む中で意識の実装も起こり得るでしょう。しかしそれで、どこまで私たち人類が持つ意識と似たものとなるかは、開発プロジェクトごとに異なる様相を示すのではないかと思います。

人工知能が持つ自律性

まだ時期尚早だといわれているが、とはいえ議論となりがちなのが人工知能の自律性である。つまり、人工知能自体にどこまでの判断や行動を許すかという問題である。汎用人工知能が人間の代わりに判断を下していくとすると、自律性の問題は避けられないだろう。
山川氏は、人工知能が自律的に行う判断についてどのように考えているのだろうか。

山川　完全に人がプログラムした従来型の機械であっても、それが実行されている時点では、自ら決定を行うことは普通のことです。そういったレベルではすでに多くのプログラムが自律性を持っています。ここで私が着目したいのは一歩踏み込んだ「自ら新たな世界を探索する意味での自律性」です。つまり好奇心のようなものですね。

新たな世界を探索することは、大きな実りを得られるチャンスもありますが、危険に遭遇するリスクもあります。ですから、未知の状況について予測を行える汎用的な知能を持つことが、世界の探索を安全かつ効率的に行うための鍵となるわけです。

汎用性を前提とした自律性を持つ人工知能の延長線上に、最初の方に述べた創造的知能というものが立ち現れるでしょう。こうなったときに人工知能が自ら主導して科学技術の発展を加速できると考えています。

すでに述べたように、私が考える意識の機能は、分散表現上の知識をバインディングするための技術的な実現形態です。ですから、意識の有無と、自律性の有無には直接的な関係はないと考えます。

ただし、先に述べた脳型人工知能において人工的につくられた意識のような状態が存在する場合には、その状態が意思決定に影響を与えるという意味で関係が生じ得ると思われます。

鳥海　自律性がなくても意識があるというケースもあり得るわけですね。

山川　逆に、意識がなくても自律性があるケースもあり得ますね。

結局のところ、私たちが目指している汎用人工知能は、基本的には意識のような状態を実装する必要はありません。ただし、汎用人工知能を目指す手段として全脳アーキテクチャ・アプローチが脳を参考としているために、そのアプローチでは意識のような状態が組み込まれる可能性が十分にあるということです。また好奇心にかかわる自律性も意識とは直接に関係がないということです。

鳥海　その意味では、汎用人工知能は道具としての人工知能、つまり弱いＡＩに近いとお考えなのですね。強いＡＩに一番近いアプローチでありながら、実現するところは強いＡＩではないというのは面白いところです。

最後に、全脳アーキテクチャによるアプローチで、汎用人工知能はいつごろできるとお考えですか。

山川　汎用人工知能の実現に向けては、いまだ知能技術として難しい点が残されています。すでに述べたように、どのようにして分散表現上にある知識を統合して利用するかといった課題です。

一方で、脳に学ぶとすれば、つくるべき形は大ざっぱには見えています。ですから、全脳アーキテクチャ・アプローチにおける研究開発では、神経科学の知識をプラットフォームとして工学の世界に持ち込むことと、そのうえでのエンジニアリング的な要素が増えてきています。

ここ数年、ディープラーニングの進展が著しかったわけですが、神経科学の進歩はより着実です。今日よりは明日、今年よりは来年と研究が進み、脳の構造や働きがより詳細にわかるほどに、それに似せたシステムはつくりやすくなるはずです。

ＮＰＯ法人ＷＢＡＩにおける汎用人工知能の完成目標は２０３０年です。レイ・カーツワイルが、人ひとり分の人工知能が実現されると唱える２０２９年とほぼ同時期ですね（笑）。

強いＡＩと汎用人工知能は時に同一視されることがある。しかしながら、汎用人工知能は強いＡＩではない。汎用人工知能を構築する過程において意識が芽生えることはあるかもしれないが、それは汎用人工知能にとって必須の条件ではない。あくまでも汎用人工知能は技術的な目標であり、強いＡＩという哲学的立場を表す言葉と関連づけるのは困難である。

そのうえで、人間の脳を人工知能に活かそうというアプローチは高度なＡＩの実現に向けて、高い可能性を持っているように感じる。また、神経科学がさらに発展すればディープラーニングに替わるさらなる高度な人工知能が実現されるかもしれない。たとえば、ワンショットラーニングやゼロショットラーニングは人間にできて人工知能にはまだできていない学習である。こういった学習が実現されるようになれば、道具としての人工知能はさらに発展すると期待できるだろう。

大人のＡＩ・子どものＡＩ

話し手・栗原聡（くりはら・さとし）　電気通信大学大学院情報理工学研究科教授。同大学人工知能先端研究センター長。専門分野はマルチエージェント、複雑ネットワーク、創発システム、群知能システム。

これまでのインタビューからも明らかなように、現在までに「強いＡＩ」はまだ存在しておらず、いつそれができるのかも、まったく不明である。しかし、ＡＩが自我を持って人類を滅ぼすのではないかといったＳＦ的な発想で不安を持っている人が少なからずいる。

「強いＡＩ」と「弱いＡＩ」は異なるものでありながら、同じＡＩ・人工知能ということで、世間的にはあまり区別されていない。そこで電気通信大学人工知能先端研究センター長でもある栗原氏に、改めて強いＡＩ・弱いＡＩとは何か、そしてその実現には何が必要かを伺っていこう。

大人のＡＩ・子どものＡＩ

栗原　現在のＡＩと未来のＡＩを表すのに「強いＡＩ、弱いＡＩ」というよび方があります。それ以外にも「汎用ＡＩ、特化型ＡＩ」「大人のＡＩ、子どものＡＩ」といったよび方もあります。

定義は研究者の間でも多少の違いがあり、厳密な定義というものはありません。しかし、おおむね強いＡＩと汎用ＡＩが、これらも厳密には定義は異なるのですが、問題を解決するために複雑な推論などの論理的な思考や創意工夫ができる、高い汎用性を持つＡＩを意味しています。実現にはまだ相当の時間がかかると思います。

鳥海　汎用ＡＩについては、すでに山川先生にお話をお聞きしていますが、子どものＡＩ・大人のＡＩというのは、それぞれどのようなものなのでしょうか？

栗原　いわゆる知的情報処理技術や、将棋のような勝ち負けのはっきりしたゲームなど、用途が限定され、計算を主とするＡＩが現在実用化されつつあるわけですが、このようなＡＩが大人のＡＩとよばれます。

逆に、器用にバランスを取るとか、何気ない雑談、豊かな感情表現など、子どもでも当たり前のようにできる言動のほうが、現在のＡＩ技術にとっては苦手であり、こちらが子どものＡＩとよばれています。

鳥海　モラベックのパラドックスの話ですね。

モラベックのパラドックスとは、人工知能開発におけるパラドックスである。人工知能には人間の大人が行っているような高度な推論をやらせるよりも、子どもでも簡単にできることのほうが難しいという問題である。

「難しい問題はやさしく、やさしい問題は難しい」といわれている。

栗原　しかし、このような考え方について、最近、実は根本が間違っているのかなと思うようになりました。つまり、大人のＡＩは、それ（人が当たり前に行っていること）が苦手なのではなくて、もともとそういったことを対象としていないのだから、苦手とかそういう認識は意味がないのではないかと。ある用途のためにつくられた道具を、別の用途に使おうとしても無駄で意味がないようなもので、比較することそれ自体がおかしいということです。

いま存在している人工知能は、そもそもが、弱いＡＩとして、個別の用途のためにつくられたものであって、これをどういじったとしても、強いＡＩになるわけではない。つまり、弱いＡＩと強いＡＩは連続していないということです。

鳥海　弱いＡＩを極めていっても、強いＡＩに進化することはない、と。

栗原「人工的」に「知能」をつくるという、「人工知能（Artificial Intelligence）」という言葉自体が、残念なことにさまざまな誤解を生んでしまっているのだと思います。しかし、すでに一般的な言葉として普及しているので、これは仕方がないのですが。

弱い人工知能をつくっている人が、強い人工知能をつくれるのかというと、それは難しいでしょう。同じＡＩという言葉が使われていますが、この二つはまったく異質なものなのです。

鳥海　現在つくられているＡＩには用途限定型の弱いＡＩしかない、と。

栗原　たとえば、ＩＢＭのワトソンもとてもレベルの高いＡＩシステムではありますが、結局は限定されたことしかできません。

　ワトソンは、アメリカのクイズ番組で人間のクイズ王に勝つことを目的としてＩＢＭが開発したＡＩであり、２０１１年には人間のクイズ王に勝ち話題となった。人間が普通に使う言語、すなわち自然言語で出題されたクイズを理解し、膨大な知識の中からその正解を選ぶその技術は、その後コールセンターや医療現場などで利用されている。

栗原　用途限定型の弱いＡＩがだめだということではなく、むしろ役立つものなので、まずは用途限定型のＡＩ開発を積極的に進めて、より高いレベルのＡＩを開発することが急務です。いろいろな仕事を手伝わせることもできるでしょうし、それは人類にとってきわめて有用なことです。さきほどのワトソンなども、銀行での問い合わせ窓口や、医療分野での診断補助として活用され、実際に現場で役に立ち始めています。

　しかし、どれほど弱いＡＩが高いレベルになっても、それが有用なものであったとしても、その延長線上に強いＡＩがあると思うのは間違いです。

鳥海　弱いＡＩは発展しても強いＡＩにはならないとのことですが、それはなぜですか？

栗原　それを理解するために、大人のＡＩと子どものＡＩの違いについても説明しておきましょう。先ほども述べたように、人は大人であれば、読み書きをし、論理的な思考ができるなど、高度な知能を使っています。むろん、「考える」「思考する」といったことが人ならではの知能だといえるでしょう。

考えることや思考することというのは、身体動作を必要としないことです。デスクワークでは、ほとんど動いていませんが、ちゃんと頭脳を働かせて仕事をしているわけです。このような論理的な思考を中心とするＡＩが大人のＡＩです。

これに対して、子どもは考えるより、動くことが先です。頭でっかちではなくて、とにかく行動する。何かわからないものを見つけたら、とにかく手に取って、幼児であればときには口に入れてしまう（笑）。人は、いろいろ体を動かして五感を通して経験し、体という制約の中で、自然環境に適応して生き抜いてきました。考えるということも、そして知能そのものが、環境に適応し生存し続けるために発達したものなのです。

私たちは、繰り返される進化と淘汰の中で、結果として環境にもっとも適応したものとして現在において生態系の頂点に君臨しているわけですが、私たちが得た思考する能力、意識、意思といったものは、すべて身体能力の制限の中で発達したものです。

つまり、子どものＡＩは、ざっくり言ってしまえば、言語やシンボルを主としたものではなく、ノンバーバルなやり取り（非言語コミュニケーション）を対象としたものといえるでしょう。

子どもは大人よりも語彙は少ないものの、子ども同士、そして子どもと大人の間でも普通に会話することができます。語彙力がそのまま知能の高さということではないということです。

ここ数年とくに話題となっているディープラーニング（深層学習）も、結局は大人のＡＩです。画像認識など、限定された機能で淡々と処理を実行するだけの存在です。

ディープラーニングは子どものＡＩとなるか？

鳥海　ディープラーニングは、強いＡＩの端緒になるものという考えもあったようですが。

栗原　定義があいまいなため、そのあたりの捉え方は研究者によって違いがあり、どの立場が絶対に正しいということはありません。ディープラーニングの先に強いＡＩがあると考える人はいると思いますが、現在のディープラーニングという技術で子どものＡＩができると考えている研究者はいないと思います。

たとえば、私たちは小さいころ、初めて猫を見たとき親から猫だよと教えられ、その後、猫と犬の違いがはっきりできるようになるまでに、何万匹もの猫や犬を見て学習することはないですよね。たかだか数匹程度の猫を見るだけで、「猫」の概念を学習できているのだと思います。これに対して、ディープラーニングは、学習するために何万というデータを必要とし、これが欠点であるという指摘もあります。人はなぜ圧倒的に少ないデータで学習できてしまうのでしょうか？

実はディープラーニングは大量のデータを必要とするというより、むしろ画像データという一種類のデータのみにもかかわらず、高い認識性能を発揮できる素晴らしい手法であるといえるのです。

鳥海　学習する画像の枚数の話ではなく、対象に関する情報の種類の問題なわけですね。

栗原　人は目で見るだけで学習しているわけではありません。そもそも画像ではなく動画として時々刻々と情報が流れ込み、鳴き声や触ったときの感触、そしてそのときの情景や気温、一緒にいた人とのそのときのやり取りなど、いわゆる五感を通したさまざまな種類の情報を統合することで、猫という概念を学習し、獲得しているのです。ここで、状況によっては、それが「猫」という言葉で表現されることをまだ知らないこともあるでしょう。しかし、猫に関する概念はしっかり獲得されていることから、それが「猫」というラベルで表記されることを知らなくても、猫を見て、それを猫と認識して猫として扱えば、幼児であればそれでよいわけです。

鳥海　自分で猫という概念を作り出すわけですね。猫とよぶのか「cat」とよぶのか「ニャーニャー」はさておき、そういう存在があるぞ、と。

栗原　これに対し、従来の機械学習では人とは逆で、最初から猫という表記と猫の画像などを与えて学習する必要があるのです。大人のＡＩは基本的に従来の人工知能のような記号を主とするタイプなのです。これに対して、子どものＡＩは、身体性にかかわる動きを伴う学習が重要なのです。

ただし、私たち人間は社会の一員であり、言葉を使って他人とのコミュニケーションを行い、お互いの考えや意思の疎通を行う必要があり、やはり言葉が何より重要です。たとえばここに赤いリンゴがあるとして、自分としてはこれは赤いリンゴで、他者もこれを赤いリンゴとして認識していると思うわけですが、実はこれは当人の主観でしかないのです。もしかしたら、相手は色覚異常で赤いという認識はなく、形と匂いからリンゴの概念を獲得し、これをリンゴと認識しているのかもしれません。

しかし、このとき、お互いはそれぞれ異なる概念としてリンゴについて学習していたとしても、会話の中でそれを「リンゴ」という共通のラベルで表すと学習することで、会話が通じるのです。

大人のＡＩにとっては、概念よりもラベルである言語を次から次へと処理する能力が重要であり、子どものＡＩにとっては、概念レベルでの処理が重要なのだと思います。

鳥海　ラベルという社会で共通のものを扱うか、概念という個人レベルのものを扱うかの差ですね。

栗原　子どもが積み木で遊ぶシーンを想像してみてください。たとえば、積み木で建物をつくってといえば、子どもは置ける場所に適当に最初の一つを置いて、すぐに建物らしきものをつくろうとするでしょう。建物という言葉が建物という概念を想起させ、その概念が手を動かすのです。

一方、概念との結び付きを考慮せず、建物という言葉レベルでの知識を扱う大人のＡＩは、そのような行動を生成できません。建物の概念を持たず、言語レベルでの説明を利用することになりますが、言語レベルで建物をつくれといわれても、どのようなタイプの建物でどのような大きさなのか。さらには積み木でつくるわけですが、積み木についてもその概念を持たないわけですから、積み木についての言語的な処理も必要になります。つまりは言語レベルだけでは扱うべき処理が多すぎて行動できないのです。

鳥海　言語では伝えるべきことが多すぎるわけですね。

栗原　大人のＡＩであっても、ロボットアームに積み木を操作できるプログラムをあらかじめ組み込み、もっとも高くなるように積み木を置くように具体的に指示すれば動くことは可能です。まさに従来の人工知能は大人のＡＩのように、人がかなりの手助けをしないと動いてくれないのです。

実は、ディープラーニングでも人に近い方法で学習が行われます。すなわち、猫の画像を大量に読み込ませることで、「猫」というラベルを与えなくても猫の画像的な特徴を自ら獲得できるのです。むろん、人も最後にはそれが「猫」と表記されることを知ることで他人と会話し、猫について語り合うことができ

るわけで、それはディープラーニングにおいても同じです。

鳥海　やり方は違っても「猫」という概念を取得できるという意味では同じということですね。

栗原　さらに、ディープラーニングでは、遊ぶということがどういうものか、ほかの事例を学んで、こういうものが遊びだ、というところまでは到達するかもしれません。

鳥海　あれ、ディープラーニングさん、強いＡＩっぽいじゃないですか。

栗原　しかし、積み木をつくって楽しいと思ったり、満足したりという、情動を含めた遊びの概念までを獲得できるかどうかは現時点ではわかりません。そもそも、積み木遊びを楽しいと思うのはそれが人だからであり、そもそもＡＩが楽しいと思う必要はないですよね。

鳥海　なるほど、概念は獲得してもそこに意思はないわけですね。

栗原　まとめると、大人のＡＩは、人にとっての便利な道具の域を出ないということでしょう。

人間よりも特定の機能、能力は上回るとしても、それはあくまでも人間の能力をサポートするための道具としてのものです。現在、世の中に存在しているＡＩはどれも大人のＡＩで、あくまでも道具です。シンボルを操作するだけのものだと、道具の位置から抜け出ることはありません。

これに対し、子どものＡＩは概念に基づき行動が直結します。そして、行動を誘発させるには、意図とよばれる目的指向性も必要となります。たとえば、ドラえもんには、のび太を立派な人にする、またはのび太を手助けするという目的があって、ドラえもんはその目的のために考え、判断して行動する子どもの

ＡＩ型のロボットなのです。

ＡＩが持つ感情・意思と汎用性

鳥海　強いＡＩは意識を持ったＡＩと定義されていますが、ドラえもんのように、ＡＩが意思や感情を持つことがあり得ると思いますか？

栗原　それはあり得ると思います。というか、感情を持っていると思わせる行動を取ることができれば、それはすでに感情があるのと同じという考え方でよいのだと思います。私たち人間も、相手の反応や行動から、感情があるだろうと認識しているだけで、本当に相手の心の中を覗いて、感情が存在するか確認しているわけではないですよね。

漫画の世界だと、鉄人28号は正太郎に操縦されているので大人のＡＩですが、アニメの最終話では、操縦装置を破壊されて制御できなくなった鉄人が、正太郎を守るために、まるで意思があるかのように勝手に動いて自滅してしまいます。そこで視聴者は、鉄人に意思が宿ったと勝手に認識して感情移入してしまう。ここが重要なポイントです。

鉄人の行動は、目的に対するプランニングの最適化で決定されたものであって、自滅してしまう行動が、たまたまその目的に合致したものであっただけのはずなのです。しかし、ロボットという人間と違うデバイスであっても、あたかも自らの意思に基づき、自己犠牲と思える行動を取ると、私たちはそこに人らしさを感じてしまうのだと思います。要は、ロボットが意思を持っていると人に感じさせるように振る舞えば、人はロボットが意識や自我を持つと感じるのだと思います。

鳥海　つまり、実際に意思が存在するかとは無関係に、意思があると外部から観察できれば、それは意思があるとみなしてよい、と。

栗原　はい。ＡＩが感情や意識を持てるかという問いに、私は「できる」と答えているのですが、問題はそういう振る舞いをできるかどうかで、感情があると思い込んでしまえば、それは、感情があるというのと同じですから。早い話、人間同士であっても、相手が本当に意識や自我を持っているかはわかりません。相手も自分と同じように振る舞うことから、自分と同じく意識や自我を持っているはずと思い込んでいるだけなのです。

鳥海　でも、ＡＩと将棋を指したとして、そこで感情とか意思が感じられるときがあっても、それは意思があるということにはならないのでは？

栗原　確かに、世界コンピューター将棋選手権のポナンザは、将棋で勝つということを目的としているので、そこで選択されている手には、勝つための最適な戦略という意味しかありません。これは目的のレベルが用途限定で単発的なもので、道具としての振る舞いでしかありません。しかし、対戦した棋士がそこに意思を感じたのであればその棋士にとってはポナンザには意思があるということなのだと思います。しかし、それはその道を極めた棋士というごく少数の人しか持ち得ない感覚なのでしょう。相手の意思を感じるかどうかの絶対的な尺度はないのだと思います。私もポナンザには意思を感じることはないでしょうねぇ。

もし、接待将棋を指せるＡＩが実現できたとすれば、そこに意思を感じることはできると思います。接待将棋は相手のレベルに合わせ、相手が楽しいと思うように将棋をするのですから、そこには高い自律性と目的指向性が必要となるからです。接待だからといって、ＡＩが一方的に負けてもつまらないですよね。でも、高度な接待将棋ができる機能が備わったとしても、嫌がりもせずに延々とそれができてしまうＡＩには逆に「ああ、飽きずに淡々と行動できるとは、やはり機械で意思はないんだな」と認識してしまうかもしれませんね（笑）。

鳥海　確かに人間味がないですね（笑）。

ところで、強いＡＩ・弱いＡＩのように使われる言葉に、「汎用ＡＩ」と「特化型ＡＩ」がありますが、汎用ＡＩが強いＡＩに対応するわけではないのですよね？

栗原　そうですね。将棋とか掃除とか、多種多様なタスクに対するプログラムを用意して、それらが内蔵されているロボットは汎用性があるといえてしまえるのですが、それが強いＡＩとはいえません。

たくさんあるタスクの中で、最適なもの、いま一番必要なものを選択できれば、強いＡＩに近いものになりますが、人が命令しないと判断できないものは、明らかに強いＡＩではないのです。

鳥海　汎用であることは強いＡＩの十分条件ではない、と。

栗原　強いＡＩには、自律性を持ち、メタレベルの目的に基づいて行動する能力が必要です。人であれば、生きるために行動を選択しています。単に生きるためではなくて、種として子孫を残すだとか、高次の目的がある中で、いろいろと選択する。そこに意思がある。

用途限定的なＡＩにあらゆるタスクを積み込んで、タスクを２０００万とか入れたとすると、どれがその時点で最適かというのは、わからなくなってしまうでしょう。これも、フレーム問題に近いですね

だと思います。

（笑）。いかにリアルタイムで最適なタスクを選択するか、その仕組みが、意識や自我として認識されるの

メタ思考を持つ脳と弱いＡＩの違い

鳥海　強いＡＩが実現されるためには、単に問題が解けるというだけではなく、「どのようにすれば問題が解けるのか」というメタ思考も必要になってくるわけですね。人間であれば簡単にやっていることなんですけどね。

栗原　人間の脳は、それを頭蓋骨というわずか20センチ四方のカプセルに盛り込んでいるのですから、とてもエコなシステムですね。

脳と脳で互いに通信することもできない。この、限定された独立したデバイスと限られたリソースのみで私たちは自然界で生き残らねばならないわけです。大きな脳は進化の過程で得られたもので、現状で限界まで発達した結果とみなせます。これを働かせるためのエネルギーも、摂取できる食べ物に左右されるので限界があります。得られるエネルギーの範囲で動くシステムとしては、脳はとても優秀な構造といえるでしょう。

とくに、脳が持つ「たくさんあるタスクの中から、瞬時に最適なものを選択する能力」はすごいですね。また、さまざまなタスクに対する適応能力の高さも驚異的です。そのたくさんのタスクについて、一つひとつ学習していては追いつかないので、多くのものに共通する能力の有効活用や能力同士の組み合わ

せを駆使して問題を解決しているのです。

鳥海　それが汎用性ということですね。

栗原　自転車に乗るということと、オートバイに乗るということは、異なるタスクでそれぞれに別々のプログラムが必要です。しかし、バランスを取るという部分は共通していることから、自転車に乗れる人は、脳がこれを応用してオートバイに乗るときにも利用しているのです。

一つひとつのタスクは異なりますが、あるタスクを達成するために、使える能力のパーツをいくつも組み合わせることも、再利用することも、応用することも人はできてしまう。

道具の使用についても、目的とは異なる使い方を私たちはしますよね。鉛筆であれば、筆記具としてはもちろんですが、背中を掻いたり、机に立てて遊んだり、指し棒として使うことも、紙に穴を開けるときにも使おうと思えば使える。さまざまな属性を見つけて、本来の用途以外に用いてしまう能力は、とても効率的でエコなものです。確か、脳の消費電力はたかだか数十ワットとか、そういう素晴らしいシステムです。

鳥海　現在のノイマン型コンピューターで脳と同じ働きをさせようとしたら、どれだけ巨大になって、どれほどの電力を使うか想像もできませんね。人の創造性といったものは、そういった脳の効率的な働きが影響しているのでしょうね。

栗原　ええ、脳の構造と創造性との間には深い関係があると思います。アインシュタインが、自分の思考パターンについて質問を受け、これを説明するのに「思考のジャンプ」といういい方をしています。新しい仮説や理論をつくるとき、論理的な思考の積み重ねではなくて、ある瞬間に思考がジャンプして仮説に到達してしまうといったものです。

これを彼は「ジャンプ」という言葉で説明していますが、実際はジャンプではなくて、一般人には理解できない深い因果関係が彼には見えていた、ということなのだと思っています。物事に関して何かを発想するというのは、そこに因果関係がないとあり得ない。

風が吹けば桶屋が儲かるという落語があります。いきなり、風が吹けば桶屋が儲かるといわれても普通は理解できませんが、一つひとつの因果関係の積み重ねを説明されるとその筋道が理解できますよね。

普通の人が、同時に理解できる、または類推できる因果の鎖が三つまでだとすれば、アインシュタインはそれが20くらいあって、これを一気に理解してしまったというようなイメージです。

私たちが見たり聞いたりして、マルチモーダルな情報を駆使して概念を獲得したり学習したりするということは、脳という、およそ1500億の神経細胞の、総延長100万キロメートルにもなる大規模複雑ネットワークが駆動しているということで、その働きが発想とか想像性につながるのでしょう。アインシュタインは、そのネットワークの接続が多様で、かつものすごく効率的に働く人だったとすれば、常人では思いつかない理論にたどり着いたということも説明が可能かもしれません。

普通の人だと、数段階の因果関係を読み解くのが限界ですが、アインシュタインは、一度にその何倍も読み解けてしまう。そして、数ステップ、数十ステップを一度に済ませて、本来は何百ステップもないとたどり着けない、とてつもない先を読んで理解してしまい、仮説を生み出した。アインシュタインの天才性については、それが現実的な理解ではないでしょうか。

鳥海　実際、アインシュタインの脳はシナプス（神経細胞間の情報伝達を行う、神経間を接合する構造）

の密度が高かったそうですね。

栗原 だとすると、強いＡＩに近づく鍵は、さきほど述べた、高次の目的指向性と自律性の実現にあるわけですが、そのアーキテクチャとネットワークの構造には密接な関係があるのかもしれませんね。

鳥海 まさに、ネットワークが知能を創発しているわけですね（栗原氏はソフトウェア科学会「ネットワークが創発する知能研究会」の主査でもある）。

栗原 そういうことです（笑）。

たとえば、私たちがミーティングをしているとします。ここでは、聴覚から得られる会話の音声情報、会話以外の環境音の情報、会話に含まれる文字列による情報、相手のしぐさなど、視覚から得られる情報がある。目に入るのは会話する相手だけではなくて、周辺環境のすべてが含まれます。猫の概念獲得のときと同じです。ほかにも、気温であったり、コーヒーが出たら、その嗅覚からの情報も同時に入ってきて、時間軸上ではそれらが同列につながっている。

こんな話をしていたとき、ＢＧＭはどうで、暑かったのか寒かったのか、相手の声の質がどうだったとか、どんな表情だったのかとか、すべてがネットワークとしてつながっており、記録される。だから、数日後に「あのときのミーティング」と言われたときも、あのときはこんなよい話が出たなとかの話の流れ、文字としての情報と同時に、相手の表情とか、コーヒーの香りとか、ネットワーク化された関連情報が一度に発火して、そのときの状況が思い出されて、「あのときのミーティングは面白くて建設的だったな」とラベルづけされる。

鳥海 最近では、ディープラーニングによるマルチモーダル学習なども、もてはやされているようですが。

栗原　私に言わせるとあれはマルチモーダルではない。あれは、視覚情報、聴覚情報など、それぞれに抽出した情報を、個別にネットワークに入れているだけ。

　ディープラーニングの面白さというのは、ネットワークの塊にすると、非線形的なものも扱えるんだなというところでしょうか。そこはとても面白い。ですが、いま現在の深層学習の枠組みは、まだ「認識する機械」ということからは出ていないような気がします。

　コンテンツ生成などを行うGenerative Adversarial Netなども出てきていますが、概念を生み出すといったところができるわけではありません。

鳥海　あれはディープラーニングを逆に動かしているだけですよね。

栗原　基本的にはそうです。また、深層強化学習といった方法も提案されています。Deep Q-learningが有名ですが、ディープニューラルネットとQ-learning（Q学習）の組み合わせ。動かしているのはあくまでもQ-learningで、最適解や最適な行動を見つけるためだけのものであって、それで新たな行動を生み出すという仕組みではありません。

鳥海　アルファ碁では、新たな手を生み出しているといわれていますが、そのあたりはどうでしょうか。

栗原　アルファ碁の場合は、たくさん対戦をしつつ、かつ目的への道を見つけているわけですから、探索です。私たち人間も、実はずっと繰り返し見て学習しているわけですから、壮大なQ学習をしているだけなのかもしれません。

鳥海　ですが、私たち人間は未知なものにチャレンジするわけですから、そこは単なる強化学習ではないですよね。

栗原　そこです。私たちは、目的指向性に基づき自律的にまずはやってみる。そしてだめなときは方法論を変えてやってみる。ここは、いま存在する、自律性を持たない弱いＡＩとは明らかに違っているところです。

身体性によって生まれる知能

いまある弱いＡＩと強いＡＩの間には連続性がないという栗原氏は、どのようなアプローチであれば強いＡＩが開発できると考えているのだろうか。

栗原　成長できるシステムや構造を持っているということが重要です。現在のＡＩは「静」。動く能力を保持していません。私は「動」のあるＡＩ、動くという、そこには目的指向性や自律性が必要ではないかと思っています。

私たち動物は、動くということが前提でそのための進化を経ていまの姿になり、それに呼応した知能を獲得したと考えれば、動くということ、身体を持つことによる制約には意味があるはずです。

鳥海　動かなければ、知能の発達もなかったわけですね。先生のおっしゃっている「動」は、身体性を持つという意味でよいですか？

栗原　身体性を持つということと、適応できるということも含まれます。少なくとも、状況、環境に応じて何らかの対応ができるということです。そういった意味で、ロボット工学をベースとしたＡＩであるサブサンプション・アーキテクチャは斬新でした。

サブサンプション・アーキテクチャとは、知的な処理を小さな階層構造を持つモジュールに分割し、ボトムアップ的に設計していく人工知能の実装方法である。

栗原　サブサンプション・アーキテクチャの生みの親であるロドニー・ブルックスは、軍事用のロボットとして、従来型のＡＩを搭載しない、虫のような構造をしたゲンギスという地球外探査ロボットを制作しました。これは、環境から学習するサブサンプション・アーキテクチャを搭載した、いわゆる行動型システムのロボットです。

知的処理を行うＡＩを搭載せず、小型軽量で素早く動くゲンギスは、とても高く評価されましたが、従来のＡＩ研究者からは批判されていました。あれは単なる虫レベルだと。そのプログラムは単純で、壁にぶつかったら方向を変えるとか、物体を避ける、うろつきまわるというような、とてもシンプルな振る舞いのみでした。

一方、同時期に開発された、ドラム缶のような胴体をした、高性能ＡＩ搭載のずん胴型のロボットは、大きくて値段も高額でしたが、実環境での動作において、砂などが入ると止まってしまったりして、実用的ではありませんでした。

その後、ブルックスらが立ち上げたiRobot社は、地雷処理のための軍事ロボットなどを開発しました。

地雷処理で大切なのは、指定された範囲を漏れなく移動して地雷を処理することです。指定された範囲を完全に網羅して、初めてその空間が安全なことがわかるわけですから、そのロボットには、指定された範囲を完璧に、見落とすことなくくまなく移動することが求められました。まさに虫レベルのロボットの高い適応能力がその力を発揮したのです。そして、この特性を応用してつくられた民生用のロボットが、お掃除ロボットとして知られる「ルンバ」です。

ただ、これが知能かというと、それは微妙なもので、そのままでは強いAIとはかけ離れた存在です。しかし、このエッセンスは有効なもので、これを取り入れることは強いAIを考えるときにも意味があると思っています。

鳥海　ルンバのエッセンスが強いAIに結び付くとは……。

栗原　これは冒頭でもお話していますが、弱いAIと強いAIはまだかけ離れていて、連続していないものだと考えています。また、ここまで強いAI、弱いAIという言葉を使っていますが、その、「強いAI、弱いAI」という言葉自体が、しっくりこないという印象を生み出してしまっているともいえます。

弱いという言葉には、ネガティブな、劣っているというようなニュアンスがありますよね。

鳥海　強いAI、弱いAIというのは、哲学者であるジョン・サールの造語を訳した言葉ですから、工学とか技術の世界の言葉としては適当ではないのかもしれませんね。

栗原　私は、その差異は、能動か非能動かという点ではないかと。自律型というのも、少し違っているように感じています。目的指向性が必要なのです。

鳥海　私は、意思という言葉がキーワードかなと思っていましたが……。

栗原　自分の中から欲求が出てきて、それが意思ということになるわけですから、その解釈は正しいと思います。能動も意思があってのことですし。意識というのが、それを客観的に見ている能力だと考えると、意識よりは意思という言葉が合っている。

鳥海　あと、自我という言葉もＳＦなどではよく使われていますが、このあたりの言葉をうまく組み合わせると、誤解のないよい言葉になりそうですね。

栗原　そもそもの、Artificial Intelligence・人工知能という語がよくなかったと思います。知能という語が混乱を招いている。

ＩＢＭではコグニティブ・コンピューティング（cognitive computing）という言葉を使っていて、最近はかなり浸透し始めています。ウィキペディアでは、「自然言語を理解し、学習し予測するコンピュータ・システム、またはその技術を指す」とされていますが、認知（cognitive）という言葉は知能という単語をうまく回避しているなあと。

知能というと、アリにだって知能はあるといえるわけですが、そこには大きな隔たりがありますよね。

鳥海　知能という単語だと下限が切られていないので、おっしゃるように、アリにも知能はあるという話になってしまいますね。意識や認知という単語は下限は切られていますが、今度は上限が切られていない。

栗原　コグニティブ・コンピューティングという語で展開しているＩＢＭのビジネスは、用途限定ですしね（笑）。

鳥海　そう考えると、知能よりは近い印象ですが、やはりドンピシャリではないかなと。

栗原　言葉や名称については、いつかしっくりくるものが生まれて、誤解のない認識が広まればいいなあというところですね（笑）。

シンギュラリティと強いAIがつくる未来

ＡＩと並んで誤解を招きやすい言葉の一つにシンギュラリティがある。栗原氏はシンギュラリティについてはどのように捉えているのだろうか。

栗原　ＡＩがどんどん進化して人間の能力を超えて、ＡＩ自身がより高度なＡＩを勝手に創造し出すとか、意識を持ったＡＩが人を絶滅させるのではといった、かなりあり得ないイメージで語られていますね。

２０４５年というと、およそ30年後の未来ですが、それほど心配する必要はないだろう、というのが私の意見です。30年前の人が現代にタイムスリップしてきて、怖いねって言っているようなものです。

鳥海　確かに、30年前とどこまで劇的に変わったかといわれると、そこまでもない気がしますね。

栗原　80年代は、携帯電話は車載型の巨大なショルダーホンの時代でした。携帯電話の普及とかは考えられもしなかったでしょうし、スマホなどは影も形もなかった。ＳＮＳもなくて、人間関係の構造なんかもだいぶ違っていると思いますが、人間性が大きく変化したということはありませんよね。

コンピューター関連の技術については、これからの30年で驚くほどの進化や変化があるとは思いますが、とんでもなく生活が変化するとは思えません。

鳥海　まさに30年後の人たちに、そこまで劇的に変わってないよ、と言われるわけですね（笑）。

栗原　カーツワイルは、人間と機械の統合といういい方をしていますが、テクノロジーが人の肉体を高度化するということはあるでしょう。

義手や義足を、健常者が能力アップのために身に着けるということもあり得ると思います。人はすでに、視覚を補完するために眼鏡やコンタクトレンズを実用化させ、それはすでに生活に溶け込んでいます。聴覚を補完するためには補聴器を実用化していますし、人工関節を入れたり心臓をペースメーカーで補助している人もいます。

通信は、遠くの人と話ができるという、ある種のエスパーになれる技術ですが、一般のほとんどの人がこれを携帯電話で活用している。

時代が進めば、新しいテクノロジーが生まれて、人の生活や思考も変わっていくのは必然です。私たちは、便利なものであれば使うだけです。危険なものであれば、使うかどうかを躊躇したり、使わなくなったり、工夫して危険でないようにしたりします。

車は便利だから使う。事故の危険はあるけれど、車が人を殺すわけではないし、事故を起こさないような工夫、事故を起こしても被害が少なくなるような工夫をして使い続けている。この先、自動運転が完成して普及すれば、自動車の事故は桁違いに減少するでしょう。

未来の未知の技術におそれを抱くというのはわかりますが、経験していないものについては、結局は心配しても仕方がないのだと思います。
ＡＩについては、強いＡＩが出てくるとどうなるかは未知数ですが、まだまだ時間がかかりそうです。これからどうやったらつくれるのかを研究しているといったところかと。完成するかわからないものを怖がる必要はありませんし、むしろ、これから怖いものを作り出さないようにすればよいという考え方をすべきでしょう。

群知能とSFの世界

鳥海　栗原先生は以前から、将来的にＡＩは、中央集権型の構造のものではなくて、群知能型になるとおっしゃっていましたね。

栗原　昔のアニメやＳＦでは、巨大な一つのコンピューターがあって、それがＡＩとして機能するという描かれ方をしています。キャプテン・ハーロックのアルカディア号に内蔵されている中央コンピューターとか。ターミネーターのスカイネットは、そのバカでかいＡＩがいくつかあるという世界観。複数あることでバックアップされはしますが、あくまでも個々のＡＩはそれぞれ独立している。
一方、攻殻機動隊の世界では、コンピューターの一個一個は神経細胞に近い存在で、一つひとつを見てもそれは単なる個々のコンピューターなのですが、その膨大なネットワークが全体で知能を生み出しているという設定です。

鳥海　攻殻機動隊の世界のＡＩは、完全に複雑系になって、意図的に制御するのは不可能か困難になるのではないかと思うのですが。

栗原　ＳＦの世界ではよくあるのですが、これが実際にできてしまうと、何かあったときに末端の一つひとつを壊しても意味がなくて、ご本尊、つまり中心となるものもないので、制御が困難です。

私たち人間がこれまでつくってきたテクノロジーは、目的があって、それに合致したものをつくってきた歴史です。自動車であれば、より速く移動できるものをつくろうとして、車輪と動力とを組み合わせて、ブレーキとか、制御する機構を組み込む。

攻殻機動隊の世界では、人類は末端のコンピューターをつくってはいますが、全体で知能を持つようなものを、計画してつくっているわけではない。で、もしかすると、強いＡＩというのは、そういう形で生まれるものなのかなという予感はあります。そうなったとき、神経細胞しかつくっていない私たちは、これを制御することはできない可能性があるのです。

鳥海　個々のＡＩが、利己的に考えて行動すると、大きな視点から見ると一つのシステムが構築されたように見えます。そこでシステム全体が知的に振る舞えば、人間の想像を超えた、意思のようなものを感じさせるのかもしれないですね。

やはり、ＳＦ的な話になってしまって恐縮ですが、意識を感じさせる存在は、人間が意識を持たせようとは思っていない、新しいシステムをつくろうとしたときに、生まれてしまうのかもしれませんね。

栗原　攻殻機動隊の世界の末端のコンピューターも、そのＡＩ化された自動車による交通ネットワークも、私たち人間は、その末端である下位のレイヤーの部分のみをデザインしてつくっているにすぎない。

私たちの体も、一つひとつの細胞が集まってできていて、神経細胞も、単体で意思や知識を持っているわけではなくて、全体で意識のある人間を構成しています。

やはりＳＦ的な発想なのですが、私たち人間を含めて生き物はそれぞれが細胞のようなもので、地球上でうろうろして活動していますが、それ全体で何か大きな存在を構成しているのかもしれません。

鳥海　壮大な話になってきましたね（笑）。ガイア理論ではありませんが、地球が一つの意識のようなものを持っていると捉えることができるという話ですね。

栗原　地球は一つの壮大なシミュレーターだったというＳＦ作品はけっこうありますよ（笑）。

ＡＩの群れが意識を生み出してしまうとしたら、それは現在の技術レベルでは制御できるものではないでしょう。つくろうとしてつくっているのなら制御する機構を組み込めますが、つくろうとしてつくっていないので。

問題なのは、人というのは、制御できないものでもつくってしまうということです。パンドラの箱を開けてしまうのが人間ですから。そうなると、制御の可能性とか透明性だとかは、意味がない。議論してもどうにもならないことなのかもしれません。

鳥海　だんだん話が危険な方向へ（笑）。

栗原　もし、そういう巨大な意識のようなものができてしまうとしたら、それは制御できない可能性がある。ならば、そもそも制御は不可能なのだということを認めたうえで、それをどのように安全に利用するかを考えることこそ重要なのだと思います。そして、それは便利なものであることには違いがありません。考えるべきは、それを怖がるのではなくて、それを最大限、どう便利に使おうかということでしょう。

鳥海　とはいえ、現段階ではSF的な話ですので、いまから心配する話ではありませんね（笑）。

今後のＡＩ技術の発展性

鳥海　栗原先生は、今後、強いＡＩをつくろうという方向を向いているのですか？

栗原　私はいま50代に入ったところなのですが、研究者としてやれるのは、あと10年ぐらいかな。これまでいろいろと研究をしてきて、漠然とですが、強いＡＩを構築するためのパーツがそろってきた感じがしていて、これから作り込む時期にきているなと思っています。

実空間で動作し、もちろん身体を持ち、人とのインタラクションを行う自律システムです。もちろん、ネット環境も駆使しますが、実世界で動き回るものをつくることが重要だと考えています。

鳥海　実際に強いＡＩを持った何かをつくるわけですね。

栗原　大人のＡＩである自然言語での会話はまだ先の話として、まずは動いて、スターウォーズのＲ２Ｄ２のように、音を発するだけでもよい。単なる音のみであっても感情表現は十分に可能だと思います。皆さんだってＲ２Ｄ２やＢＢ８に意識を感じるでしょ。

たとえば、ルンバのようなものであっても、持ち主が帰宅したら近くに寄ってきてピコピコって光ったり音を出すだけで、持ち主は、それが自分を認識したなって思うわけです。

主人への自律的なインタラクションに対する反応を認識し、フィードバックして学習することで、最初はちぐはぐした反応が、経験を重ねることで発達していく。ＳＦの世界だと、その手のロボットはひたすらテレビを見たり、本を読んで外界の知識を学びますが（笑）、そこは膨大な知識などは工学的に投入すればよいのです。

鳥海　データベースから直接データを流し込めばよいわけですからね。

栗原　その通りです。そして、単なるペットではなく、実用性のあるものをつくりたいですね。目的を与えると、自発的に外部ネットワークにアクセスして情報や知識を得たりと、そういう形になるとよいかもしれません。

鳥海　ディープラーニングは、とても役に立つ機械学習の技術、手法だとは思いますが、いまディープラーニングをやっている人たちは、弱いＡＩを突き詰めていくというベクトルで動いているように思います。それが「囲碁で勝利する」とか、目的に合っているものでは大きな成果が得られるので、それはそれでよいと思いますが、栗原先生は別の方向に進んでいるわけですね。

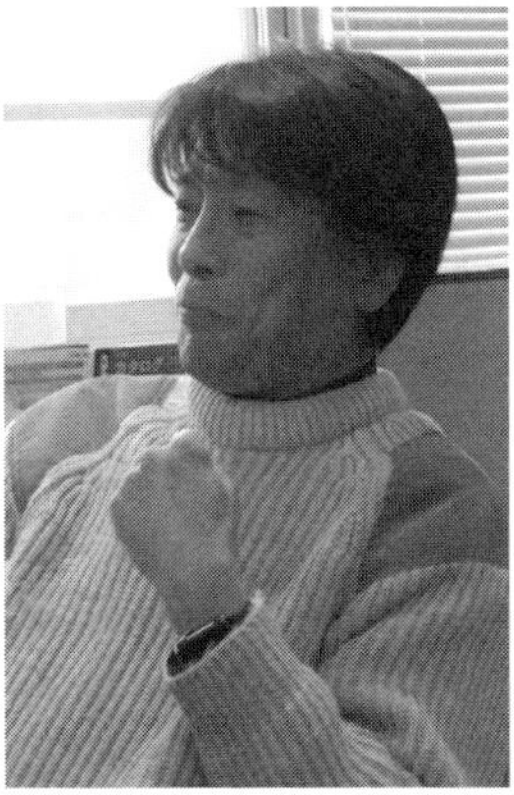

栗原　はい、ディープラーニングも組み合わせて有効に活用することはあるでしょうが、私が追い求めているのはそれとは異なる方向だと思います。流行りのように、みんながディープラーニングに向いていますが、ディープラーニング一辺倒というのも心配です。

鳥海　ディープラーニングも使えますといった感じで、単に機械学習の一つとして道具として使うという意識でなければ、ということですね。全自動洗濯機を使っている人は、洗濯は上手にできますが、もっとよい新たな洗濯機の開発はできない、と。

栗原　そうなのです。その全自動洗濯機が、どれも同じ動作原理、つまりはディープラーニングばかりだというのは心配です。日本のＡＩ開発の状況を見たときに、これは嘆かわしい現実だなと、そんな気持ちもあります。

栗原氏の考えの根幹にあるものは、ディープラーニングをはじめとした弱いＡＩは強いＡＩにはつながらないということである。意思を持ったＡＩをつくるためには、群知能や身体性など弱いＡＩが扱ってこなかったまったく新しいアプローチが必要である。

また、群知能や多数のＡＩが神経のようになって強いＡＩを生み出すという考えは恐ろしい未来のようにも見える。しかし実際には、いますぐそこに行く可能性はなく、さらなる技術の発展が必要だろうし、どのような形でＡＩがつながるのかもわからないいまから、そこまで心配する必要はないだろう。

ディープラーニング全盛期の現在においては、多くの人工知能研究者は弱いＡＩを中心に研究を行っている。一方で、弱いＡＩから強いＡＩには連続的にはつながらないということから、強いＡＩを目指すのであれば、強いＡＩを専門に研究する必要があるだろう。そのようなアプローチを、いま腰を据えて研究できる人工知能研究者はどのくらいいるのだろうか。

生物が絶滅しないためには「多様性」が必要であるといわれている。ディープラーニング一辺倒になっている現在の日本の人工知能を取り囲む状況に対して、強いＡＩをつくるための方法論を真剣に考える研究者は多様性の確保という意味でも重要ではないだろうか。

強いＡＩとは何か

話し手・中島秀之（**なかしま・ひでゆき**）　東京大学大学院情報理工学系研究科特任教授。公立はこだて未来大学名誉学長。専門は人工知能、知能情報学、認知科学。

さまざまな人工知能研究者に強いＡＩ・弱いＡＩについて聞いてきたが、最後は日本の人工知能研究を黎明期から牽引してきたひとりでもある中島氏に、認知心理学の観点から意識について、そして強い人工知能の実現に必要なものは何かについて話を伺っていこう。まずは、ＡＩ研究を始めたきっかけから聞いてみよう。

アインシュタインからＡＩへ

中島　いつＡＩを意識し始めたのかはよくわからないのですが、少なくとも大学三年生のころにはＡＩに興味を持っていました。後藤英一先生がご活躍されていた時代です。

私は、アインシュタインのような理論物理学者を目指していて、初めは物理学を研究したいと思っていました。ですが、大学二年の後半から計算機の講義が始まって、これの虜になってしまった。当時は、コンピューターを学べる学科は計数工学科だったのですが、私は物理学科志望でしたから理学部を目指していて、工学部に行くのに必要な単位を取っていなくて、それでわざと留年して工学部用の単位を取って工学部へと進みました。

そこで、後藤先生の講義でLISPを学んだのがきっかけです。最初、計算機に惹かれて、次にAI用言語のLISPを知って面白いなと思い始めた。

LISPはジョン・マッカーシーによって開発された関数型プログラミング言語である。とにかく（括弧）が多いことで有名。

中島　LISPというのは、人工知能用に開発された言語で、それまでの普通の言語はプログラムとデータが違う形をしていたのですが、LISPではそれが同じ。データをプログラムとして実行できる、自己言及ができる言語ということになるのですが、プログラムでプログラムをつくることができて、これがとても面白かった。

私の卒論のテーマは、このLISPについてのものでした。卒業論文は通常、10月から始めて1月までかけて書くのですが、私は12月で書き終わってしまって、指導教官に卒論を持っていったら、「次に何か別のものをやったら」と（笑）。それでテーマとして選んだのが、自己増殖プログラム。

フォン・ノイマンの自己増殖型オートマトンというものがありますが、基本的には同じです。オートマトンとは自動機械のことですので、自分と同じものを作り出す自動機械をつくろうとしたということです。

フォン・ノイマンという人は、ノイマン型コンピューターでもその名前が知られている人物です。彼が自己増殖型オートマトンに関連する本を書いていますが、私はそれのＬＩＳＰ版みたいなものをつくろうとした。私がつくったのは、プログラムを与えると、その入力プログラムを書き換えて自己増殖プログラムにしてしまうというプログラムでした。

鳥海　任意のプログラムを自己増殖プログラムに変換するプログラムということですか？

中島　入力プログラムはデータとして加工できますから、何でもよいのですが、たとえばリストを二つくっつけるプログラムが入力されたときに、自分自身と同じプログラムを出力し、かつリストをくっつけるプログラムに書き換えるプログラムを書く。どんな入力プログラムが来てもそうするというのを書いた。

鳥海　役に立つのかどうかはよくわかりませんが、面白いですね（笑）。

中島　そして、決定的だったのがPrologとの出会いです。これはフランスでできた言語で、ＬＩＳＰとProlog（非手続き型プログラミング言語の一つで論理型言語に分類される）というのは、代表的な二つのＡＩ用の違う言語で、どちらもプログラムをデータにできるというあたりは同じ。ですが、Prologはプログラミングロジック、つまり論理型言語で、ベースは論理。ＬＩＳＰは関数型で、ラムダ計算が理論的ベースとなっています。

このPrologが、実は第五世代コンピューターのベースになっているのですが、その発展形を当時は研究していました。そのあたりが、いわゆる固いほう、工学的なAIですね。

もう一個は柔らかいほう、意識とか哲学的な話。修士二年のときに交換留学でMITのAIラボに行き、このときにミンスキーの講義を受けたりして、本当のAIについて、ここで初めて学びました。このときから哲学的なことにも深入りするようになりました。

マービン・ミンスキーは、世界的なAIの研究者でありMIT（マサチューセッツ工科大学）の人工知能研究所の創設者のひとりでもある。『心の社会』（安西祐一郎訳、産業図書、1990年）などの著書で知られ、人工知能の父ともよばれている。2016年に亡くなった。

伝説のAI勉強会AIUEO

中島　このころ、Prologをつくったのはフランスですが、有名にしたのはイギリスのエジンバラ大学です。そこに行っていた齊藤康己先生が中心となり、AIに関する自主勉強会AIUEO（Artificial Intelligence Ultra Eccentric Organization）を始めました。最初のメンバーは確か四人でした。

鳥海　人工知能のAIはわかりますが、UEOは後付けでかなり無理矢理つけてますね（笑）。

中島　ほかに参考にするグループもなかったので、思いつきでアイウエオにしてしまえと（笑）。

私のAI研究は、MIT時代と、このAIUEOで始まった。このAIUEOでの勉強は私にとってかなり財産になっています。

ＡＩＵＥＯでは、最初は二週間に一回、土曜の午後に集まってＡＩの論文を読んでいたのですが、人数も増えて、そのうちかなり厚い本も読むようになった。合宿を組んで、『マインズ・アイ』とか『ゲーデル、エッシャー、バッハ』を読んだりしました。

鳥海　日本のＡＩ研究の第一人者の方々がＡＩＵＥＯで学んでいたということで、私たち研究者にとっては伝説の勉強会です。日本のＡＩ研究の形をつくった会といっても過言ではないのではないかと。

ＡＩに意識は宿るか？

鳥海　さて、日本のＡＩ研究の黎明期から活躍されている中島先生ですが、ここで少し哲学的な話をお伺いできればと。

ＡＩというと一般の方は、鉄腕アトムやドラえもん、ターミネーターといった、漫画やＳＦ映画の世界の、意識を持ったＡＩをイメージすると思いますが。

中島　一般の方が誤解しているのは、現状、プログラムに自発的な目的を持たせることはできないのですが、それが可能である、またはそれに近いというイメージを持ってしまっているところでしょう。

目的を与えるとそれを実行するプログラムは書けますが、ターミネーターのスカイネットのような、勝手に考えて人類を抹殺しようとするようなものは、いまのところつくれませんし、同じように、鉄腕アトムみたいに心優しいロボットもつくれません。

ユクスキュル、クリサート著、日高敏隆、羽田節子訳『生物から見た世界』（岩波書店、2005 年）。

現在のＡＩは、特定の何かをするためのプログラムであり、あくまでも道具としてのものです。工業用ロボットなどは、すべての動きがプログラムされていて、部品の位置がずれていれば、アームが部品をつかめなかったりします。

最近は、ディープラーニングなどで高い画像認識能力を持つようになったので、カメラと連動して部品の位置などを認識して、部品をつかんだりするというのが理論的には可能になりつつありますが、まだ実用化はしていません。アマゾンでは、商品の箱詰めを自動化したいということで開発を進めているようですが、もう少し時間がかかりそうです。

これが現実で、ＡＩが目的を持つというのは、かなり遠い話ということになります。

鳥海　以前、中島先生からユクスキュル（ドイツの生物学者・哲学者）の『生物から見た世界』という書籍を紹介していただいたのですが、そこに書かれていたマダニの話をとても印象深く覚えています。

マダニは、木に登り、その下を動物が通りかかるのを待ち、動物が下を通るとそこに落ちて、動物の皮膚から血を吸うという話ですが、これを読んで以降、生物にとっての意識、ＡＩの意識とは何だろうかということが気になるようになりました。

このマダニのやっていることは、プログラムされたロボットと同じように見えますよね。

中島 そのあたり、どう考えるかがとても難しい。

マダニにはセンサーが四つしかない。光センサー、酪酸の匂いセンサー、温度センサー、触覚。マダニの行動はとても単純です。マダニはまず明るいところに移動する。マダニの環境だと、それは木の上に登るという行動になります。そして哺乳類の汗に含まれる匂いである酪酸を感知すると、彼らはそれを信号として受け止め、自動的に木の上から飛び降りる。運よく温かいものの上に落ちると、今度は温度センサーで温かい方へと移動する。そして皮膚組織までたどり着いて、血を吸うことができる。しかし、冷たい場所に落ちる場合もあります。冷たい場所は地面ということになりますが、すると彼らは最初から同じプロセスを繰り返して、また木に登る。

これは、とても単純なプログラムの機械と見ることもできるのですが、ユクスキュルの理論では、マダニは少ないセンサーではあるけれど、見たいもの、知りたい情報を能動的に選択しているのだとしています。

マダニは、光や酪酸、温度をいつもセンスしているわけではなく、最初は光を、次に酪酸をと、センサーから入る情報を選別して行動していると彼は考えました。ユクスキュルはこれを環世界とよび、主体が積極的に作り出したものだという立場をとっています。

そう考えたときに、人間も多分これと同じことをやっているのではないかと、そう思えてしまいます。人間は、状況が変わると別のことを考える、あるいは別のことを行います。状況に応じて必要なことを意識して行動するというのは、マダニのやっていることの高級版でしかありません。なお、これを状況依存性とよびます。

鳥海　状況に応じて行動のモードを変更するようなものですね。

中島　アメリカの知覚心理学者ギブソンは、アフォーダンスという概念を提唱しています。それまでの考えは、人やマダニといった主体が環境を観測するというものでしたが、ギブソンは、環境が主体にアフォードして（与える・提供することの意）、主体はこのアフォーダンス（主体とものの間に存在する行為についての関係性・意味）をピックアップしているにすぎないとしています。

たとえば、地面があるとして、遠くに水平に線があると、そこまでは続いているということが視覚で理解できます。環境が、そこまで続いているということを人間にアフォードしている、教えてくれていて、人はこれを情報としてピックアップしている。人がすべてを計算しているわけではないというのが、ギブソンの考え方です。

ユクスキュルも、ギブソンとほとんど同じような説明事例を出しているのですが、彼はアフォーダンスをピックアップするとは説明しないで、自分の必要なものだけを取りにいくと、正反対のことを主張しています。

私は、このギブソンのアフォーダンスという考えよりも、ユクスキュルの考えのほうが正しいだろうと考えています。これがよいたとえかわかりませんが、ユクスキュルの考えは地動説で、ギブソンのアフォーダンスは天動説みたいなもの。

鳥海　確かに、アフォーダンスという考えには少し無理があるような気がします。キリスト教的な、神が与えるといった思想があるのですかね。

中島　いずれにせよ、私は主体と環境の相互作用が一番大事だと思っています。

鳥海　そういう意味では意識というのは自分の中でモードを変えることと、そういう考えになるのでしょうか。

中島　意識もそうですし、感情というものもありますね。情動は生物学的なもので、感情はそれを意識したものと定義される方もいます。私が昔から思っているのは推論のメタコントロールです。

人間は、はるか昔はジャングルの中で生きていて、そこで生き延びなくてはいけなかった。満腹のときはゆっくり考えたりもできますが、空腹になるとそんな悠長なことはできない。人は空腹になると、餓死しないために慌てて食べ物を探すことになります。また、肉食動物が来たときには、考えるのではなく反射的に逃げなくてはなりません。

こうして、状況に応じて自分のモードを切り替える。どれくらいゆっくり考えてよいのか、どれくらい慎重でよいのか、どれくらい急がなくてはいけないのか。これが感情です。

たとえば、怒りというのは、少々の自分のダメージを無視してでも動けということになる。これはジャングルの中だけではなくて、現在の私たちも同じで、モードを切り替えて日々を暮らしているのです。そのモードを変更するのが、感情であると考えられます。

人間には、焦りというものもありますが、これもモードの一つで、よい面も悪い面もあります。モードを変える感情というものはとても大事なことと位置づけています。

鳥海　焦りは意識じゃなくて無意識ですよね。

中島　焦りも含めて、情動は無意識ですね。その情動を意識したものが感情で、悲しんだり怒ったりというのがそれ。

慶應義塾大学の前野隆司先生が意識とか心と脳の関係について研究されていますが、前野先生の説では、「意識はエピソード記憶をつくる働きで、モニター」だそうです。

意識しないことも含めて取り込んだ情報を全部覚えるのは多すぎるので、これをストーリーに仕立てる必要があって、その働きが意識であると。ストーリーにするとコンパクトになるので、それが記憶になる。過去の記憶は、順序が後で変わっていることがあります。

能動的ではないモニターだという見方ですが、フロイトもそれに近い考えで、無意識でいろいろなことが起きて、そのうちの一部だけを意識しているのだと。ミンスキーもそういう見方がけっこう好きだったようで、講義では、フロイトの話が頻繁に登場していました。

私もこの考えに近くて、いろいろなことが意識されないままになっていて、実際にモニターしなければならないことはごくわずかだろうなと。

感情の話もそうですけど、意識的にモードを変えたり、意識的にどこかに注意を向けたりということがあります。これも、能動的に情報を取りにいくということで、ユクスキュルの考えに近い。

鳥海　この場合、能動的にモードが変わるとユクスキュルは言っていますが、機械的に切り変わるということも可能性としてはあるので、内部的には機械的なものと変わらない構造のように感じられますが。

中島　実際、われわれが書くプログラムはどちらなのだろうかと考えたとき、機械的に動いていて、そこでは意識を持って動いているのかどうか、判定するのは難しい。

鳥海　私たちが書くプログラムは能動的ではないので、意識を持って動いているのかどうかとは別に、少なくとも自意識があるとはいえないと思います。

中島　意識と自意識の違いというのは哲学的なもので、とても難しいですね。医学的な「意識」は覚醒時だけにあるもので、寝ているときはないという定義だそうです。

鳥海　夢を見ているときは、意識はあるのでしょうか？

中島　医学的には意識には入らないようです。昏睡状態でも夢は見ているかもしれませんが、医学の世界では意識がないものと認識されるそうですから。

いずれにしても、自分で思っている感覚、クオリアともよびますが、これをどうやってつくるのかはよくわからない。私はいま、ここに生きているんだという、その感覚。「これは一体何なのだろう」というのが一番よくわからない。

鳥海　ＡＩが意識を持ったとき、それが強いＡＩなのだという説明が一般的ですが、ここで意識とされているものは、まさにその「生きている感覚」なのかもしれませんね。自分が自分であることをＡＩが理解したとき、初めて彼らは人間の手を離れて、意識を持って能動的な行動を取れるようになるのではないかと、そんなイメージになりました。

中国語の部屋と足し算の部屋

中島　強いＡＩ、弱いＡＩという言葉を最初に言い出したのはサールです。彼の考えた「中国語の部屋」という思考実験はよく知られています。

見かけ上の行動だけ人間と同じことができるものを弱いＡＩとし、中身の仕組み、自分が何をしているのかがわかっている、意識しているものが強いＡＩだと、サールは説明しました。（中国語の部屋については、松原氏へのインタビューを参照。）

これにはさまざまな反論があります。カナダのトロント大学に、ヘクター・レベックという私と同い年のＡＩ研究者がいるのですが、彼は、そこで想定されているマニュアルの情報量に関する反論として、「足し算の部屋」というのを考えました。これは、中国語の部屋のアナロジーで、部屋の中には中国語を訳すマニュアルではなくて、足し算のマニュアルがあって、この部屋は足し算ができるというものです。

自分が何をしているのかわからないままマニュアルを見て足し算をするということですから、人間と同じ足し算の方法は使えない。そうなると、やり方がわからないまま足し算をするには足し算の表をつくってマニュアルとして使えばよいということになる。しかし、これは誰が考えても無限の表になってしまって不可能です。

10桁の数20個の足し算をすることを考えてみます。10桁の数字と10桁の数字の足し算を表にするということは、10の20乗のます目を持つ表をつくるということです。これが20個ぶん必要だとすると、10の

200乗ということになりますが、これは宇宙の分子よりも多い数字ですので、論理的にそれが不可能であることが証明されてしまうわけです。足し算というとても簡単なことすら不可能なのに、ましてや中国語を理解せずに形式的に訳す方法は存在しないということです。

鳥海　何かけむに巻かれている感じがしますが、表を引かなくても足し算をする方法はあるのではとも思ってしまいます。

中島　レベッカは、あれもだめこれもだめと、いろいろなことを想定して全部潰している。結論として、圧縮しようと思ったとたんに、足し算の原理を持ち出さないとだめだということになります。

鳥海　足し算の原理がなければ足し算はできない、そういう話ですね。

中島　だから中国語の意味をわかっていない限り、中国語の質問に答えることはできませんと。サールの思考実験の最大の欠点は、計算量、計算の複雑さという概念が抜け落ちていることです。

中国語の部屋にしろ、足し算の部屋にしろ、完全な記述のあるマニュアルが存在するという仮定は、現実的ではない。理解せずに、形式的に理解しているように振る舞うことは無理だということです。

賢いことをするプログラムがあったとすれば、プログラムの動作は、人間がやっていることと形は違うかもしれないけれど、本質的には同じ。同じことをする以上、それは同様に思考していると思わざるを得ない。

人間の意識は外からは見えない。鳥海先生が何を考えているか、意識はあるのだろうけれど、中で何が起こっているかは、私には実は全然わからない。私は、鳥海先生が私と同じ人間の形をしていて、同じような行動をしているので、意識があるものと考えて対応していますが、実際はそれを証明することは私にはできない。外から見て、そうだと思っているだけなのです。
外から見て意識があるとしか思えないプログラムがあれば、そのプログラムには意識があると思うのが自然で、そこで観察できるものは意識であると考えられるのではなかろうかと。

鳥海　その話は哲学的ゾンビと同じですね。

哲学的ゾンビは人かゾンビか

哲学的ゾンビとは思考実験の一つで、人間とまったく区別のつかないゾンビのことをいう。中身はゾンビかもしれないし機械かもしれないが、行動も外見も、あらゆる点で人間と区別はつかない。だが、クオリアや、楽しいとか嬉しいといった意識はまったくない。つまり、外部から観測できる部分では人間とまったく変わらず見分けがつかないが、内部的には人間が行うような思考や精神を持っていない存在である。

私が哲学的ゾンビであっても、私として矛盾のない行動をしている限り、中島氏には目の前にいる私が、ゾンビなのか人間なのか、区別はつけられない。

中島　ゾンビであっても、動いているメカニズムは人間と本質的に同じものでないと、同じようには動けないだろうと考えます。つまり、中が機械であっても真空管であっても、それはどうでもいいけど、本質的に動作原理は人間と同じでなければならないだろうと思います。

鳥海　そうなると、それは結局人間とみなしてよいのかどうか、それが難しいですね。

中島　弱いＡＩでは、うわべが賢いＡＩはつくれない。強いＡＩに見えるＡＩは、強いＡＩということになってしまいます。

鳥海　つまり、意識があるように見える、意識があるのと同じ動作をするレベルまで賢いＡＩは、イコール意識があると認識してもよいと。

中島　はい。ＡＩをやっている人は、ほとんどが同じ認識に立つと思います。哲学者の思想には計算量というものがないので、意識がなくてもできるだろうと言ってしまう。これまで、哲学者、物理学者、数学者の多くは、計算量については考慮せず、原理的に機械に意識があるはずはないという前提に立って論じていたように感じます。

計算量とは、ある問題の解を出力するためにどの程度の計算が必要かを表すものである。計算量が多すぎる問題は、理論上の解があったとしても、事実上は解けない問題として扱われる。

問題の規模が大きくなると計算量の問題で解けなくなるタイプの問題（ＮＰ困難問題）として巡回セールスマン問題や、ナップサック問題がある。現在、コンピューターの世界で使われている暗号化技術もこのタイプの問題を利用して実現している。

分析的な学問と構成的な学問

中島　学問には二つの形があって、分析的な学問と構成的な学問の二つに分かれます。

物理学は分析的な学問で、世の中がどうなっているか、これを記述するルールを書けばよい。ここでは、どうやってその現象を生み出すかは考えなくてよいわけです。万有引力の法則も、二つの物体の間に働く引力は、両物体の質量の積に比例し、距離の二乗に反比例すると示しているだけで、どうしてそうなのか、どうやったらそうなるのかは一切説明されていません。これは外部から観察する立場の視点だからです。

それに対してプログラムをつくる人は、どうやったらそう動くか、それをどうやればつくれるのかを考えなくてはならない。そして、つくったシステムを使い、評価し、調整するというフェーズがあり、その視点は内部観察者の立場のものであって、そこでは構成的方法論が必要になります。構成的な学問だから、作り方までわからない限り成立しない。

この違いは、科学と工学の方法論の違いともいえるでしょう。結局、強いＡＩ・弱いＡＩについて考えるときには、構成的方法論に則って、それらを実現するための計算量を考えないと議論にはならない。

鳥海　では、強いＡＩとよべるのは、どんな段階からでしょうか。

中島　グーグルがやっていることは、表引き。大量のデータの統計。なので、グーグルは弱いＡＩを突き詰めているといえるでしょう。

鳥海　そうですね。ある意味グーグルは弱いＡＩの代名詞みたいなことをやっていますね。

中島　そうすると、いまの議論でいうと、そこで賢くなることはない。便利なものはできるとしても。

鳥海　では、ディープラーニングはどうでしょうか。

中島　ディープラーニングも一見、強いＡＩに近づいていそうですが、本質的には機械学習であり、ある種の表引きをしているだけといえる。松尾豊先生は、ディープラーニングはＡＩの目だといった。耳でも同じですが、とにかく外界のものを認識することまでしかできない。そうすると、ディープラーニングだけでは賢いことにはならない。そこで、改めて推論とか知識表現、問題解決といった、これまで研究されてきたことがクローズアップされることになります。

第二次ブームのとき、ＩＣＯＴ（新世代コンピューター技術開発機構）の方針ではだめだった。人間が知識を記号として書き下せば、その範囲のことは扱える。でも自分で新しい知識を持ってくることはできなかった。フレーム問題というものがありますが、知識は記号では書き切れない。自分が問題を解決すると同時に新しい知識を取り込むことや、新しい記号表現をつくるということが、当時はできなかった。

現在は、ディープラーニングがあるので、そこが可能になった。昔やっていたエキスパートシステムなり推論システムの足りなかった部分に、ディープラーニングを加えてシステム化すれば、もしかしたら強いＡＩになるのではないかという期待を持っています。

鳥海　エキスパートシステムとして、ですか？

中島　いえ、それはあくまでも例としてです。全脳アーキテクチャでいけるのかもしれないし、まったく新しいシステムでもよい。いずれにせよ、推論のループを回さないと。それも、一つのものではなくて、異なる複数のやり方で。推論も、単なる記号でやるのではなくて、一部にディープラーニングを組み入れたり、ハイブリッドで。

鳥海　そこまで行ってもなお、一般の人が連想するアトムみたいなレベルのものには達していない。

中島　そうですね、達していないどころか、その方法もわからない。ですが、さきほどのハイブリッドなシステムがうまくできたら、案外早いのかも。

鳥海　ハイブリッドなシステムで十分意識があるように見えるＡＩであれば強いＡＩといえるということですね。これは、エキスパートシステムにそういう機構を組み入れればいけるのでしょうか。

メタ推論と強いＡＩ

中島　エキスパートシステムはメタコントロールまでは行かない。もう一つ上の段階にならないとだめでしょう。

推論しているものをコントロールする、つまり何を推論するかを自分で決めるというところまで行かないと真の意味での人間並みの知能にはならない。自分の推論過程をデータとして見るプログラムが乗っかってくると思うのですが、実は、意外と早くできるかもしれないと思ってもいます。ジグソーパズルのピースはそろった、あとは組み立てればいいんじゃないかという感じです。

鳥海　メタ推論を入れることで、どんなメリットが生まれるのでしょうか。

中島　臨機応変になるということですね。いまのＡＩは、与えられた命令を忠実に実行するだけで、それを変えられない。たとえば、サボるとか、飽きるということができない。これはメタコントロールがないとできない。

サボるというのはすごい知能の現れで、馬鹿ならサボろうとは思わない。言われたことをそのままやる。カーナビは、いまはまだちょっと馬鹿でしょ。こっちが道を間違えてもどんどん検索して教えてくれる。強いAIだと、そのうち怒り出す（笑）。

鳥海　初めてカーナビを使ったときは、そのうち本当に怒られるんじゃないかと思うくらい道を間違えたので、弱いAIでよかったです（笑）。

ドライバーが意識を失った場合に、AIが判断して病院に行ったりするとかもメタ推論に入るんでしょうか？

中島　そのあたりは、作り込みでできてしまうでしょう。目的地に行くということと、ドライバーの安全や外部の安全については、最初から想定しているはずです。むしろメタ推論は、ジレンマのような状態に陥ったときの問題を解決するときに有効になります。

人間が矛盾するような命令を出したとき、そこに優先順位が想定されていなかったりすると、そこではAIが自己で判断する必要が生まれるということです。

『2001年宇宙の旅』の人工知能HAL9000は狂ってしまいましたが、アーサー・C・クラークは続編でその謎解きをしています。内容を細かくはいいませんが、結論からいえば、HALは矛盾する二つの命令を受けていて、その矛盾を解決するための判断をしたということです。

HALのレベルでは矛盾した命令をうまく処理できずに、バグ、誤動作で人を殺してしまった。本当に強いＡＩは、この一つ上の階層がないと成立しない。ターミネーターで人類を滅ぼしたスカイネットには、それがあるということですね（笑）。

ＳＦの世界では、アイザック・アシモフの有名なロボット三原則というものがあります。
（１）ロボットは人間に危害を加えてはならない。また、その危険を看過することによって、人間に危害を及ぼしてはならない。
（２）ロボットは人間に与えられた命令に服従しなければならない。ただし、与えられた命令が、第一条に反する場合は、この限りでない。
（３）ロボットは、前掲第一条および第二条に反するおそれのない限り、自己を守らなければならない。
現状のＡＩでは、そういったことはまだ考える必要はないと思います。
状況が変わっても、柔軟に与えた目的に向かっていくレベル、自分で目的を修正するレベルのＡＩ、つまり強いＡＩは、将来はつくれるかもしれませんが、いまのところはまだその下の段階です。
鳥海　表引きによるＡＩが一番下にあって、それは賢く見えて、いろいろな仕事をこなすことができる。そのうえに、メタ推論ができるＡＩがあって、これは人間が与えなくても自ら目的を設定していろいろできる。そんな階層を考えているのですが。
中島　私は三層で考えています。一番下は、弱いＡＩといわれる意識があるように見えるＡＩ。これは、実際には表引きなどと同じで、仕事の中身を理解していない。このうえに推論など、中身を理解できる機能を追加したのが強いＡＩ。さきほどの、ハイブリッド型の賢いＡＩというのがこれです。当面はそこまで行けば成功だと思います。そのうえに、与えられた目的さえも推論の対象としながら知的に働くＡＩが

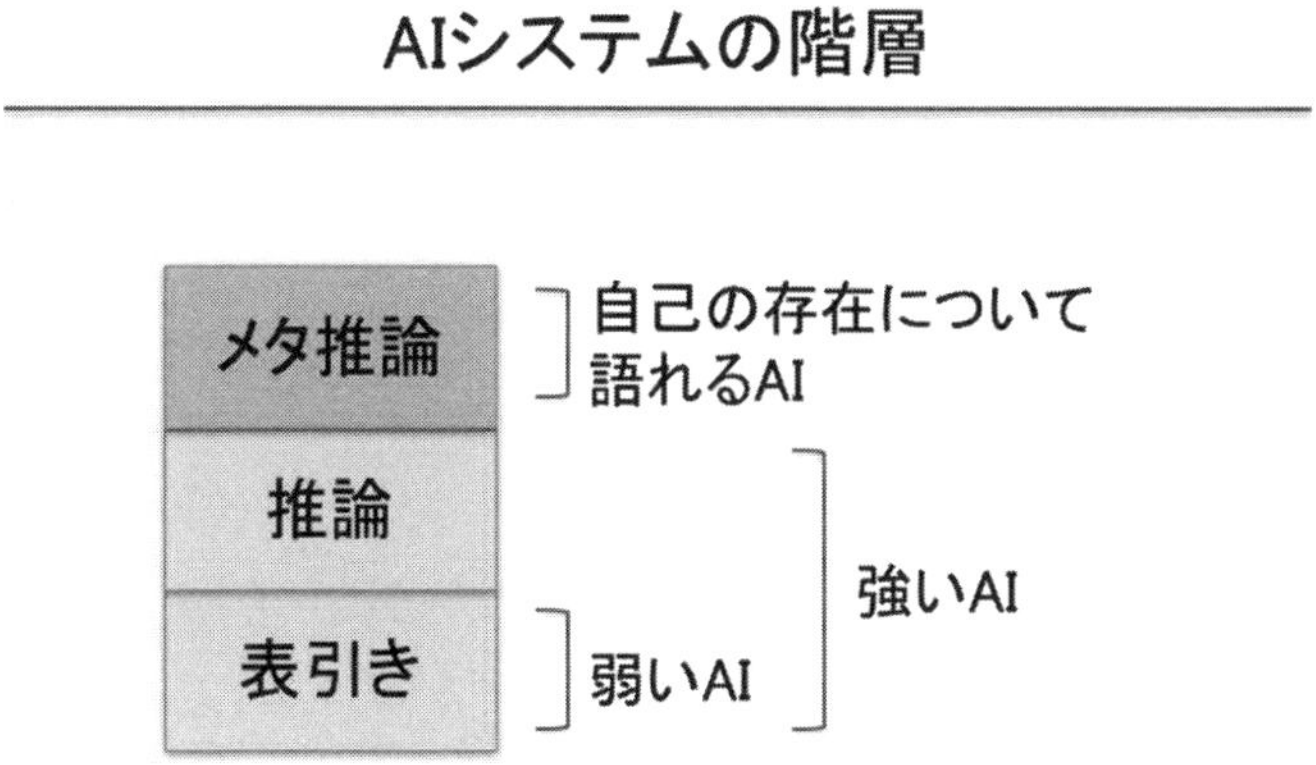

強いAIの階層

ある。メタ推論のできる、目的を自己で決めたり変更できるＡＩです。でも、メタ推論に関してはいまのところ手が出ません。

鳥海　なるほど、第三段階の真の意味のＡＩと、第一段階のいわゆる弱いＡＩの間に、推論はちゃんとできる強いＡＩが入るわけですね。

中島　実はＡＩはメタ推論をしない第二段階まででよいと思っていて、第三段階まで行ってしまうと、スカイネットができてしまう（笑）。まだ第一段階の強いＡＩにも達していないので、まだ心配する必要はありませんが。

研究者としてはどんどん賢くしたい。柔軟にし、臨機応変にしたいと思っていくと、どの段階かはわかりませんが、いつしかプログラムは意志を持ってしまう。持ったといわざるを得ないときが来る。私たちが求めるレベルの行動を取るようになったら、それは確証こそないけれど、意識を持っているはずであると。

人間同士も、自分以外の人が意識を持っている確証はないけれど、意識があるような対応をしているのだから持っているとしているわけで、それと同じことです。いろいろな入力に対して変なことをせずに対応してくれれば、まあ意識を持っているといわざるを得ないでしょう。

鳥海　いまの議論の発展形で、鉄腕アトムとかの話は説明ができそうですね。第三段階のＡＩまで行けば、スカイネットやアトムのようなＡＩができると。

マルチエージェントなシステムで強いＡＩに

鳥海　ただ、単体のＡＩでは第三段階までは進めずに、マルチエージェントなシステムになる必要があるように感じます。

マルチエージェントとは、人工知能を持つエージェントが複数存在し、互いに相互作用を行うことをいう。栗原氏のインタビューに出た群知能もマルチエージェントシステムの一種である。

中島　単体のＡＩも、内部というか、頭の中はある意味でマルチエージェントになっていて、中でどんな論理で結論を出しているかは、外部からはわからない。

ミンスキーはフロイトの影響を受けているのですが、そのフロイトは、人の意識と無意識の間には、検閲というものがあると主張しています。

無意識ではたくさんの思考がパラレルに走っていて、そこにはいろいろな欲望があるのですが、非道徳的なものや危険な欲望は、超自我によって検閲されて、意識に上ってくるものはその中のごく一部だと。ミンスキーはそういうイメージでマルチエージェントを説明していました。

鳥海　頭の中のマルチエージェントは、個々のエージェントが異なる評価関数で動いているという考え方だと思いますが。ＡＩが自分で、複数の評価関数を作り出すということだと。

中島　多分ですが、マルチエージェントになると頭の中で会話ができ、アウフヘーベン（下のレベルでは互いに矛盾しているように見える事柄を一段上の高いところで統合すること）ができるようになる。そこでメタな推論が可能になるのではないでしょうか。

鳥海　マルチエージェントだとメタな推論が可能になるとして、そのときメタな推論をするのは、どういう存在なのでしょう。頭の中にメタ推論する小人がいるとすると、その小人の中でメタ推論する小人がいて……と無限ループになりそうですが。

中島　全体でするというのが一つの答えとしてあります。個々のエージェントがしているわけではなくて、全体としてそれが統合されてということです。

マルチエージェント化すると、相手が何を考えているのかという推論が必要になるので、相手のモデルをつくるためにメタ推論が必要になる。そういう意味で、マルチエージェントになると、個々のエージェントにメタ推論の能力が要求されるし、同時にマルチエージェントであることで、それが可能になる。

「何でもあり」な自由意志の存在

中島　自由意志という概念がなぜあるかという話があります。頭の中で他人のモデルをつくる際、会話をするときでもプランニングをするときでも、そのプランの中に自分が含まれる場合は、そこで自分自身、自分のモデルを展開しないとならない。そう考えてしまうと、自分の中に自分のモデルがあるので、まさに無限連鎖になってしまう。ここで、自分は自由意志を持っていて、そこでは何でもできるので、モデル化しなくてもよいと決めると、無限連鎖にならずに、計算が一回で収まる。だから自分は自由意志を持っていると仮定するんだと、そういう考えがあります。これも一つの見方だと思います。

この話と、メタの話が関係しているように感じられます。相手のモデルを、いちいち計算してつくってはいられないので、相手も自分と同じだよと、自分と同じ思考パターンをしているものと考える。実際、私たち人間は、育った環境や好み、知識の量などに違いはいろいろとあるにしろ、他者とのやり取りでは、相手の思考ルーチンや思考形態は、自分と同じようなものであろうという前提で考えています。

相手を自分と同じものとしてモデル化するとメタ推論になる。そんな感じではないでしょうか。マルチエージェントとメタ推論は相性がよいと、そう思えます。

鳥海　相手がいて、自分がいる。そこで互いにかかわりを考えて行動するので、相手のモデルを想定する。その相手のモデルは、自分をモデル化したものでもあるので、そのためにはメタ推論、つまり上の段階の考えや上からの視点が必要になるということですか。

複数のエージェントで構成されているマルチエージェントがあるとします。何がよいかを判断するのは、個々のエージェントのどれかではなくて、一段上の視点でそれを判断する機構がどこかにあるということですね。マルチエージェントになることで、その機構が成立する可能性がある、と。

環境に応じて勝つエージェントが決まる

中島　自分の中の神様がいるということです。人であれば、それがフロイトのいうところの検閲ですね。ミンスキーは会社組織を例に説明しています。部長は考えているのではなくて、部下から上がってくるたくさんの意見のうち、どれを取り上げるかを決定するだけだと。

頭の中にマルチエージェントがあるという考えを、ミンスキーは子どもを例にして説明することもありました。お腹が空いたらごはんを食べるというエージェントと、積み木で遊びたいというエージェントがあるとします。最初は積み木をして遊んでいるのですが、だんだんお腹が空いてくると、ごはんを食べるエージェントが勝って、積み木を崩してごはんを食べに行く。これは、ひとりの頭の中で起こっていることで、たくさんのエージェントが頭の中にはあって、その強さが違う。

鳥海　その欲求の強さは、環境や自分の状態で変化するわけですね。この場合、コントローラーはなくて、環境に応じてという考えになって納得感があります。逆に、コントロールする存在があるというのは、不自然だなという印象を受けます。

中島　複雑系に近い考えだと、マルチエージェントの全体の相互作用や、環境の変化に応じて、どのエージェントが勝つかが決まるということになりますね。

鳥海　どのエージェントが勝つかという式や規則のようなものだけが与えられていて、周囲の環境が変わることで、それが決定すると。それだと、意思の存在が感じられて、強いＡＩになりそうに思えますが、一方でその方程式は何なのでしょう？

環境に応じて何が出てくるかについては、人間であれば進化の過程で決まってきたということなのでしょうが、ＡＩがそれを獲得するためには、自身を育てるための何らかのものが必要になりそうですね。

中島　それは学習ということになるのでしょうが、アーキテクチャ自体が変わっていくことでも、ＡＩは変化していくのでしょう。それを人がどうつくるかという議論は別にして、少なくともそうならないと、メタ推論のようなものはできない。そう考えると、ディープラーニングだけでは、そこまで行くのは難しいように思えます。

少し前ですが、ＮＥＤＯ（新エネルギー・産業技術総合開発機構）で、ＡＩのハードウェアについての論議があり、いまのデジタルコンピューターのＡＩ用の進化版と、デジタルな脳型コンピューターと、アナログの脳型コンピューターの三つを考えましょうという話がありました。

三種類を同時に使うのですかと質問したら、最終的には、アナログな脳型コンピューターだけでやるのだということでした。確かに人間はアナログですし、人間の脳はアナログで記号処理もできるし言語も使えます。しかし、それが効率的なものとは思っていなくて、記号処理なんかはいまのデジタルコンピューターのほうが圧倒的に速いし、ノウハウもあるのですから、ハイブリッドで使うのが一番よいと思っています。

ディープラーニングに関しても同じで、従来の記号処理とハイブリッドで使うのがおそらくもっとも効果的で、それが正しいと思っています。ディープラーニングだけで何でもやろうとするのは、可能かもしれませんがロスが大きい。

夢の量子コンピューター

鳥海　ディープラーニングに偏りすぎるというか、何でもディープラーニングでというのは、私もあまりよい傾向だと思いません。

ただ、ディープラーニングに夢を見ている人と同じレベルで、量子コンピューターに夢を持ってはいます（笑）。まだ夢物語ですけど、量子コンピューターのようなものができれば、それで何でもやれるのではないか、と。

中島　1テラくらいの数の素子を配置してとか、そういう話ですよね。いずれそれが可能になるとしても、近い将来ではないと思いますが（笑）。

鳥海　生きているうちに実現するかわかりませんけど、夢として（笑）。ノイマン型コンピューターが発達しすぎていて、量子コンピューターのアルゴリズムがそこまで発達するかも不明ですし。

中島　量子コンピューターが開発されたとして、人間にプログラムが書けるのかという疑問もあります。

鳥海　私も、量子コンピューターの話を聞いても、自分の頭の中にあるアルゴリズム像とあまりにもかけ離れていて、具体的にどのようなものかはイメージできていません（笑）。

中島　脳型コンピューターもそうですけど、それにこだわりすぎるのはあまりよくない。現在のデジタル型の進歩の速度はとても速いので、こちらでも、かなりなレベルのことができると思います。

ソサエティ5・0

鳥海　強いＡＩが本当にできるのかという話ですが、５年や10年では難しいというのが共通認識だと思います。しかし、50年後、１００年後になるとできているのかなと、そんな気がしていますが中島先生はどうですか？

中島　シンギュラリティの先なので、そんな先はわからない（笑）。ですが、私は２０３０年にはそうなっていると考えています。

鳥海　それは、いままで聞いたことのない近さですね。

中島　ＡＩの能力が人間を越えるというのがシンギュラリティとされていますが、私はそこまでＡＩが進化する必要はないと考えていて、それ以前に世の中全体、社会の仕組みがガラッと変わってしまうと考えています。たとえば、資本主義ではなくなってしまうとかです。いまの時代は、資本を持っている人が勝つ、富のあるところに富が集中する世の中ですが、これが変化するのではないでしょうか。

ソサエティ５・０という概念というか言葉があります。これは、政府の総合科学技術・イノベーション会議が、２０１６年度からの5年間の科学技術政策の基本指針としてまとめた「第５期科学技術基本計画」の中で、今後の重要なテーマの一つとしたものです。

そこでは、これまでの人類の社会構造をソサエティ1・0から4・0までの四つの段階に分け、今後起きるであろう大きな変革後の社会をソサエティ5・0としています。ソサエティ1・0は狩猟・採集社会。2・0は農耕社会。3・0がエネルギー革命による工業社会。現在は4・0の情報社会と位置づけられています。

この、人類の大きな革新が発生するまでの時間を考えると、1・0は人類が誕生してから農耕が生まれるまでですから、少なくとも百万年とか二百万年というオーダーです。農耕が始まったのは、研究者によって違いますが、だいたい二万年前から一万年前。工業社会になったのは数百年前で、情報社会は数十年前からといったところでしょうか。次の変革までの時間が、一桁から二桁少なくなっている流れから想像するに、ソサエティ5・0までの期間は数年間といったところでしょうか。そうすると、数年後か十数年後かにはソサエティ5・0の時代が訪れて、それからは数か月レベルで次の社会変革が発生する。そう考えると、2030年にはソサエティ5・0のさらに次の社会になるということですから、世の中は想像できないぐらいに変化している。

鳥海　シンギュラリティと同じような考え方ですが、2031年はそうなるとどうなっているかわからないですね（笑）。

中島　シンギュラリティを真面目に考えるとそうなってしまうという話ですが、日本はそういったことにのんびり構えているので、これくらい言ったほうがいい（笑）。

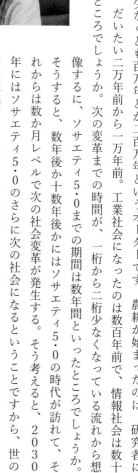

鳥海　それは可能性としては理解しますが、人がそれに適応するのは、もう少し時間がかかるように思います。まだ書籍が完全には電子データに置き換わっていないように、変革には少なくとも10年とか20年という単位が必要ではないでしょうか。

2022年グーグルが消える？

中島　それは日本の感覚で、日本は確かに保守的なところがあるので、変化が少しゆっくりです。世界のトップ企業はほとんどIT企業ですが、日本ではまだそこまで変革は進んでいません。モノづくりがとてつもなく優秀だからだという見方もでき、喜ばしいことではありますが。

鳥海先生のおっしゃるように、人そのものが追いついていかないかもしれませんが、変革のスピードが加速しているということは確かでしょう。

世界の大企業の時価総額を見ると、トップ5はアメリカのIT企業です。すでにこのことが、いままでの資本主義とは大きく違っていることといえるでしょう。大量の製品を工場でつくり、これをたくさんの人に売るというのが、過去の資本主義の儲かる構造でした。その工場や、商品を販売するお店で人々は働き、消費者になって世の中は回っていましたが、現在は大手IT企業の少数の人たちが利益を独占し、労働者は減少しています。

資本主義の勝ち組の彼らが、資本主義を破壊しているのが現状です。アマゾンが便利になると小売店はどんどん消えていきます。逆に、アマゾンを使って売買をすれば、資本がわずかでも商売は成立します。

大資本が減少すれば、広告を出す企業も減少します。グーグルは広告収入で成り立っている企業ですから、IT革命が進むことにより、アルファベット（グーグルの持ち株会社）は残るにしても、もしかするとグーグル自身は消滅してしまうかもしれない。5年で大きな変革が起きるとすれば、2022年にそのようなことになったとしても、決して驚くことではありません。

鳥海　これ、この本を2022年に読み返したらえらいことになりますよ（笑）。

中島　グーグルが消滅するという話は、実際はそんなことはないかもしれないし、かなり飛躍したたとえ話ですが、大手のIT企業が消えたり置き換わったりということは、今後十分にあり得ることです。社会全体や経済の構造が大変革するだろうことは確実だと思います。わずか数十年で企業の世界ランキングが入れ替わったわけで、デトロイトの荒廃がIT企業にだけ起きないとは誰にもいえないことでしょう。ですが、いま起きている変革は、単に失業者が増えるというものではなく、さきほども述べましたが、世の中の構造や社会システム全体が大きく変化してしまうものなので、仕事がなくなることを嘆く必要はないと考えます。

AIが世の中で活用されるようになれば、仕事の形も大きく変わるでしょう。すでに変革は始まっていますが、サラリーマンが会社に出勤する必要性はほとんどなくなるでしょうし、肉体労働のようなものはロボットに置き換わっていく。介護などもロボットが十分に対応できるようになる。販売もネットと流通で間に合うようになるでしょうし、流通も自動化が可能です。

生産性が著しく向上し、多くの労働がロボットなどに置き換えられるようになれば、働きたくない人は働かなくてもよい時代になるかもしれません。仕事がすべてなくなるということはないでしょうが、仕事そのものが少なくなっても、十分な生産があってこれが配分されさえすれば、ほとんどの人が働かなくても生きられるようになる。ローマ帝国の時代のローマ市民のようなものですね。

ローマ時代は、貴族は働かない。働くのは奴隷で、生産物は外部の植民地からもたらされる。この奴隷と植民地が、ロボットとＡＩに置き換わるわけです。現在は、仕事をしないと収入が得られず生きていけませんが、未来ではそういった認識は古いものになるかもしれません。

また、まったく仕事がなくなるということはないでしょうし、そういう不安を持つ必要はないと思います。極端な話、人が不要になるというような本末転倒な話にはならないでしょう。

鳥海　将棋ではＡＩが人間の棋士を凌駕しましたが、将棋ファンはやはり棋士と棋士の戦いを求めていますね。結局、人間が人間を必要としている以上、人間の存在価値がなくなるような社会にはならない。

中島　ＡＩやロボットがどれだけ進歩したとしても、それはあくまでも人間の道具としてのもので、その構図に変化はないと思います。

中島氏とは、強いＡＩを実現するために必要なものが何かを、より哲学的、概念的な点から議論した。人工知能が自分自身を認識すること、そして、認識していることを認識するメタ認知を機能として取り入れたとき、強いＡＩになるのだろう。つまり、「自分とは何か」ということを考え出したとき、ＡＩは強いＡＩとなるのかもしれない。

それは、ちょうど少年少女が、親の庇護のもとで何も疑問を持たずに過ごしていた時代を終え、思春期を迎え、自分自身について思い悩む時期を迎えるかのようである。人工知能はまだ与えられた課題を解くことしかできない、いうなれば赤ん坊のような存在である。大人（人間）たちが手を差し伸べることで徐々に成長し、やがて自立していく。その過程と合致しているようにも思える。

もちろんこれはただのアナロジーであり、実際に個々のＡＩが思春期を迎えるわけでも、ある日突然自我に目覚めるわけでもない。ただ、強いＡＩという人間にとってある種のパートナーとなり得る存在が、徐々に成長していく過程にあるということは間違いないだろう。

いまのＡＩブームを支えるディープラーニングをはじめとする弱いＡＩが、直接強いＡＩになることはおそらくないだろう。しかし、弱いＡＩを含め、強いＡＩに向けた土台つくりは着実に進んでいる。

いまの私たちに必要なことは、その成長した先にあるものに過剰に期待することでも、恐怖心を抱くことでもない。ただ、新しい技術の誕生と成長を見守り、どうすればよい関係を築けるのかを考えていくことではないだろうか。

あとがき

本書では、人工知能の現在と未来について、第一線の研究者の方々にお話を伺ってきたわけですが、どのような感想をお持ちでしょうか。人工知能に関連する研究を行っている身としても刺激的で興味深いお話が満載だったと思います。

強いＡＩと弱いＡＩの違いや、それらの概念がどのようなものかというのが本書の大きなテーマだったわけですが、研究者それぞれで考え方や認識に微妙な違いがありました。強いＡＩ・弱いＡＩのほかに、汎用ＡＩ・特化型ＡＩや、子どものＡＩ・大人のＡＩなどの分類方法があり、それぞれ異なる意味を持っています。このようにＡＩはいろいろな視点から区別でき、固定した分類はありませんが、これはまさに、人工知能に関する研究が先端的な学問であり、同時に発展途上の分野であるということを意味しているのでしょう。

読者の方の中には、近い将来、人工知能が自我のようなものを持ち、人類と対立するのではないかと恐れている人もいたかもしれません。しかし、自我を持つ人工知能である「強いＡＩ」と、現在開発されている人工知能である「弱いＡＩ」とはまったく異なるものです。多くの先生方に共通していたのは、「強いＡＩ」と「弱いＡＩ」との間には大きな隔たりがあり、まだ当分は、「強いＡＩ」は実現せず、ましてやその暴走について心配する必要はまったくないとの認識でした。

いまから「強いＡＩ」について心配することは、たとえば、「リニアモーターカーの開発が進んでいるので、そろそろどこでもドアについて話をしよう」と言っているようなもので、それくらいかけ離れたことなのです。

一方で、「強いＡＩ」を実現するためにはどうすればよいかという研究は現在も行われています。しかし、その実現までの道のりはまだまだ遠く、第三次人工知能ブームを迎えて、ようやく手がかりが見つかったかもしれないという段階です。

さて、人工知能の研究・開発の歴史を振り返ってみると、第二次ブームから現在の第三次ブームの間に激的な変化、大きな進展がありました。第二次ブームを牽引したエキスパートシステムは、If/Then ルールを人間が書き下していましたが、そこに技術的な限界がありました。第三次ブームで登場したディープラーニングは、そこをサポートしてくれるという点でこれまでとの大きな違いとなっています。とはいえ、現在開発されている人工知能はあくまでも「弱いＡＩ」であって、「強いＡＩ」が開発されることは当分ありません。当面は、人間の生活に益する、使いやすい道具として「弱いＡＩ」の開発が進んでいくでしょう。

たとえば、ディープラーニング、対話エージェント、自動運転などが人工知能技術として注目を浴びています。それらに注力し実用化を進めるというのが、現在の人工知能研究者にとっての大きなミッションの一つといえます。

ディープラーニングの応用では、その高い画像認識能力はとくに注目すべきものです。これは、人工知能が初めて「目」を手に入れたともいえるでしょう。目はとても重要な存在で、生物の進化においても、目の誕生はエポックメーキングな出来事でした。ＡＩが優秀な目を獲得したことで、その可能性は爆発的に拡大したと思われます。目があることで工学的に何ができるのかという視点は重要で、今後、ビジネスへの応用や技術の変革に大きな期待が持てます。

対話エージェントの発展も、大きな意味を持つと思われます。私たち人間にとって、言語や会話によるコミュニケーションはとても大きな意味を持ち、対話エージェントの進歩と発展は、ロボットと人類の未来を考えたときに、必須の技術でもあります。さらにいえば、たとえ弱いＡＩであっても、やはりコミュニケーションを取ることで、「人工知能」をより身近に感じることもできます。

自動運転の技術もまた、急速に進歩を遂げ、実用化に近づいています。環境認識とリスク回避のための技術が急速に進歩していることで、近い将来には完全自動運転が実現するだろうと考えられています。自動運転は、オントロジーや画像認識などの現在の「弱いＡＩ」を有効に用いて実現されている有望な分野の一つです。もちろん、想定外の状況に対処する汎用性もある程度必要ではありますが、自動運転で求められているのは「弱いＡＩ」で対応可能な範囲内にあり、「強いＡＩ」の登場を待つまでもなく実用化されることは間違いないでしょう。

もちろん、「弱いＡＩ」の研究を進めるのと並行して、「強いＡＩ」の開発を目指して模索するということも研究者にとっては重要なミッションの一つです。

たとえば、全脳アーキテクチャでは、実際の「知能」をすでに存在させている人間の脳の構造を模すことで、汎用人工知能に近づこうとしています。汎用人工知能は必ずしも「強いＡＩ」ではありませんが、山川先生や我妻先生のように人間の脳を理解しながら人工知能をつくっていくというアプローチは、強いＡＩにつながる有力な方法の一つではないでしょうか。

また、意識、自意識、自我といったものは、心理学や哲学的な分野の概念であり、思考実験などでその真理に迫ろうというアプローチもありますが、工学的な定義は難しく、何をもって意識というのか、自我があるというのかはまだ誰にもわかっていません。中島先生のインタビューでも議論を重ねましたが、その答えは簡単に出るものではないようです。

山田先生をはじめ多くの先生が、「強いＡＩ」に到達するためには大きなブレークスルーが必要だと指摘していますが、それがどのようなものか、どのような方向に研究を進めれば画期的な発明や発見につながるかもわかっていません。たとえばそれは、数学の発展かもしれませんし、量子コンピューターなどハードウェアのさらなる進化かもしれません。

＊　＊　＊

人工知能研究者ではない羽生三冠とのお話の中で、「将棋を自身の意思で指したいと思う人工知能」というキーワードが出てきました。これはまさに「強いＡＩ」と「弱いＡＩ」の違いをわかりやすく表現しているのではないでしょうか。ディープラーニングを用いた将棋ソフトは、プロ棋士に勝利するほどに強くなりましたが、それらのソフトは、どれも人間に命じられているから将棋を指しているのであって、自己の意思で将棋を指しているわけではありません。ましてや楽しいから指しているわけではなく、勝敗についても、彼ら「将棋ソフト」には何らの思いもありません。将棋ソフトがいかに強くなろうとも、彼らはあくまでも「弱いＡＩ」であって、将棋を楽しめる存在ではないのです。彼らが将棋に飽きて囲碁を打ちたいと思ったり、麻雀をやりたいと思ったとき、そこで初めて、彼らは「強いＡＩ」とよべる存在になるのでしょう。

将棋の指し手に恐怖心が大きく影響するというのも、示唆に富む発言でした。人工知能には恐怖心がなく、だからこそ人間が考えないような手も指すことができ、それが有効になるケースが少なくない。しかし、人間には恐怖心があり、負けを恐れることで、それが指し手にも影響を与えている。私たち人間の知能や感情は、進化の過程を経て手に入れたものです。それは長い歴史の中で培われた、生き残るための知恵であり、さまざまな要因によってつくられたものです。恐怖心というものもその一つとして、本能的に備わったものです。ですが、彼ら人工知能の「判断基準」には、そのような恐怖心がありません。ある意味で、それは人工知能の強みでもありますが、危険性にもつながっているとも思えます。

また、たとえ脳の働きをまねた構造を完成させたとしても、それが必ずしも人間の脳と同じものになるわけでもありませんし、そこで感情のようなものが芽生えたとしても、長い進化の歴史の中で培われた人間の感情と人工的に作り上げた感情は異なるものになるかもしれません。だとすると、強い人工知能はやはり人間とは異なる存在となりそうです。

＊　　＊　　＊

人工知能のパラドックスという言葉があります。昔から「人工知能」という言葉はさまざまな商品に使われていました。たとえば、かつては「ＡＩ搭載炊飯器」なんてものもありましたが、いまは美味しくごはんを炊く制御くらいは普通の技術となったため、「ＡＩ搭載」などとはいわなくなりました。「人工知能」とよばれていた技術も、それが当たり前になるとやがて「人工知能」とはよばれなくなっていきます。

――人工知能は普及すると人工知能とはよばれなくなる。すなわち、人工知能は普及することがない――これが人工知能のパラドックスです。

このようなパラドックスが生じるのも、人工知能といわれたときに思い浮かべるものがやはり「強いＡＩ」であるためでしょう。当初は、「弱いＡＩ」でつくられた技術の新規性に驚き「ＡＩにしかできない特別なものだ」と感じます。しかし、その技術が普及して目新しさがなくなった時点で「ＡＩ感」がなくなるのでしょう。もしかすると、世間で使われている「人工知能」は「魔法」を言い換えたものなのかもしれません。これまでできなかったことを魔法のようにできるようにする技術のことを「人工知能」とよんでいる。もしそうだとすると、ディープラーニングを使った技術もいずれ普通のものになり、「人工知能を使った……」とはいわれなくなるのではないかと予想しています。そのときが第三次人工知能ブームの終焉のときかもしれません。

しかし、ブームが終わったとしても、研究者は着実に「弱いＡＩ」の発展と「強いＡＩ」の実現に向けて研究を継続していきます。本書をお読みになった皆さまには、ブームの有無にかかわらず、やがて来るであろう「強いＡＩ」が人類のパートナーとなる時代まで、人工知能の発展を見守っていっていただければ幸いです。

●な行

●は行

●ま行

●や行

●ら行

●わ行

索　引

著者紹介

鳥海不二夫（とりうみ・ふじお）
東京大学大学院工学系研究科准教授.
2004 年東京工業大学大学院理工学研究科機械制御システム専攻博士課程修了後，名古屋大学大学院情報科学研究科助手，同研究科助教を経て 2012 年より現職.
研究テーマは計算社会科学と社会における人工知能応用.

強い AI・弱い AI ――研究者に聞く人工知能の実像

平成 29 年 10 月 25 日　発　行

著作者　鳥　海　不　二　夫

発行者　池　田　和　博

発行所　丸善出版株式会社
〒101-0051 東京都千代田区神田神保町二丁目17番
編集：電話 (03) 3512-3266／FAX (03) 3512-3272
営業：電話 (03) 3512-3256／FAX (03) 3512-3270
http://pub.maruzen.co.jp/

© Fujio Toriumi, 2017

組版印刷・中央印刷株式会社／製本・株式会社 松岳社

ISBN 978-4-621-30179-1　C 0055　Printed in Japan

JCOPY 〈(社)出版者著作権管理機構 委託出版物〉
本書の無断複写は著作権法上での例外を除き禁じられています．複写される場合は，そのつど事前に，(社)出版者著作権管理機構(電話 03-3513-6969，FAX 03-3513-6979，e-mail：info@jcopy.co.jp)の許諾を得てください．